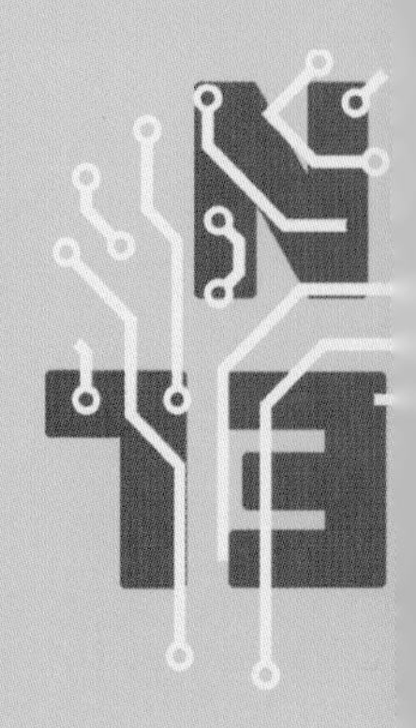

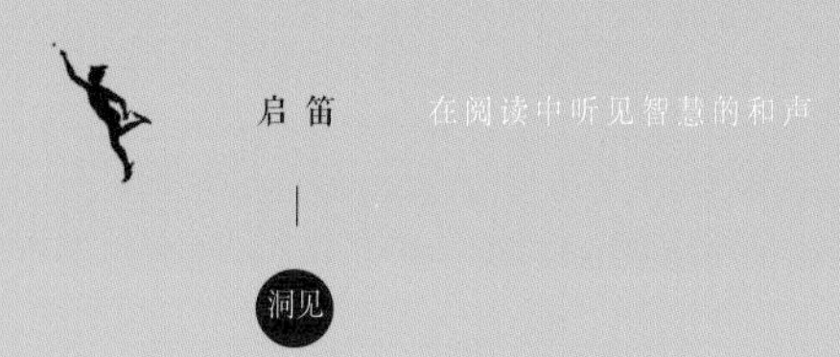
启笛
在阅读中听见智慧的和声
洞见

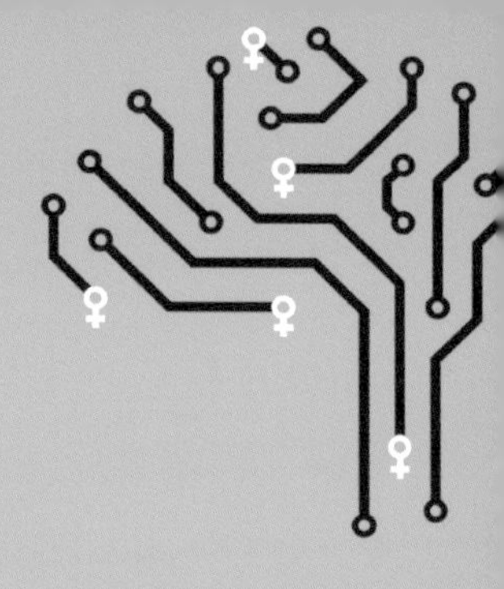

技术的反叛

刘永谋 著

logy

目　录

自序：技术时代，哲学何为

现在社会上对哲学存在许多误解。结合高新科技的发展,谈谈当代哲学的特点,对于公众与哲学相互理解,以及公众理解技术时代,均不乏助益。

1. 对哲学的误解

2020年,浙江省高考满分作文《生活在树上》引起热议。赞扬它的人认为它思想深邃,贬低它的人认为它装腔作势。

我们先读上两段:

> 现代社会以海德格尔的一句"一切实践传统都已经瓦解完了"为嚆(hāo)矢。滥觞(shāng)于家庭与社会传统的期望正在失去它们的借鉴意义。但面对看似无垠的未来天空,我想循卡尔维诺"树上的男爵"的生活好过过早地振翮(hé)。
>
> "我的生活故事始终内嵌在那些我由之获得自身身份共同体的故事之中。"麦金泰尔之言可谓切中了肯綮(qìng)。人的社会性是不可祓(fú)除的,而我们欲上青云也无时无刻不在因风借力。社会与家庭暂且被我们把握为一个薄脊的符号客体,一定程度上是因为我们尚缺乏体验与阅历去支撑自己的认知。而这种偏见的傲慢更远在知性的傲慢之上。(文中拼音为本书作者

所加)

高中生在考场上写出如此文字,难能可贵,属于优秀作文。但是,阅卷组组长认为它很有哲学味,我并不赞同。

在一些人心目中,用生僻的字词和术语,就有哲学味。

拼音是我特意标出来的。说老实话,我也认不全。哲学不是文学,不以文采来衡量,不爱冷僻,更不爱文言。哲学语言讲究简练清晰,言之有理,逻辑性强。《生活在树上》并非好的哲学文本。

这段话中还有很多“大词”,比如实践、社会传统、内嵌、身份共同体、社会性、符号客体、认知、知性,它们使用得并不很妥帖。比如“社会与家庭暂且被我们把握为……”这一句,作者想说的是“轻视社会和家庭的意见,部分原因是我们缺乏生活的历练”。社会与家庭被把握为“符号客体”,那什么是客体呢?客体指相对于主体的对象。你去研究一下新车,你就是主体,新车就是客体。那什么是符号客体呢?客体有很多种,有一种是符号。你可以把社会和家庭当成符号来研究,但显然作者应该不是这个意思。并且,前面加一个“薄脊”更令人不解:第一,薄脊可能是单薄加贫瘠的意思,这个词不规范,换成单薄或贫瘠完全不影响。第二,符号客体怎么就薄脊了,也让人费解。

的确,哲学常用术语,但使用术语是为了表达专业的意思,与专业哲学理论相连。这段话中的“知性”指的是一种认知能力,康德认为知性是介于感性和理性之间的认知能力。

专业术语的使用讲究精准,切不可望文生义。

现在的哲学书籍,主要是翻译的。中外语言差异,翻译过来就很拗口、晦涩,我们称之为“翻译腔”。这是翻译的问题。哲学原著的语言功底都很高,有些哲学家得过诺贝尔文学奖,比如罗素、萨特。学哲学一定警惕不要学成“翻译腔”，“翻译腔”浓重只能说明半懂不懂。

这段话还引用两位哲学家，即海德格尔和麦金太尔。哲学家的确爱引述前人的观点来支持自己的论点。比如说，我认为人性本善，我会说苏格拉底、孔子、佛陀也这么认为。也就是说，引述是为论证服务的，是必须的，少了它会削弱我论证的力量。

很多哲学的初学者喜欢随便引用，让人觉得读过很多书，其实没有必要。文中麦金太尔这句话意思是：我的生活与身边的人紧密相连。这不是一个人人都懂的道理吗？为什么要拉上麦金太尔证明一下。这就像说：苏格拉底说过“人不吃饭会饿”。这有必要引用吗？如此引用有滥引的嫌疑。

而海德格尔那句话，一是不确定是不是他的原话，二是用得让人莫名其妙。“现代社会以海德格尔的一句‘一切实践传统都已经瓦解完了’为嚆矢”，现代社会怎么会以一句话为开端呢？讲现代开端，一般以全球化开始为标志，有几个著名事件：东罗马帝国灭亡、哥伦布发现美洲、麦哲伦环球航行等，大约在 1500 年前后。作者想说：海德格尔认为，现代社会的重要标志是对以往传统的否定。现在这么写，意思不对。哲学引述前人的话，一是必要，二是严谨。

从上面的分析中，可以看出，很多人认为哲学往好了说是阳春白雪、高深莫测，往坏了说是莫名其妙、“不说人话”，总之“非吾等凡人所能接近”。

还有些人认定学哲学的人神神叨叨，学多了容易走火入魔，搞不好会出家。社会上流传一则段子，说两个研究黑格尔的夫妻观点不一致，为此离婚。

有些人则认为，哲学非常严肃古板、枯燥无味，甚至是非常无聊的。这与“文革”对哲学的歪曲有很大关系。那时候,全国人人学理论、讲哲学,搞“活学活用”,把哲学简单化、教条化、庸俗化,不仅没有提高国人的哲学素养,反倒把哲学弄成一个滑稽可笑的小丑。

> 当时湖北出了一个哲学小神童,才6岁,就给大人上哲学课,事迹还上了报纸。6岁小孩是怎么上哲学课的呢?她的道具是一块石头。她从地上捡起石头,对大家说:“世界是物质的。”然后,她把石头扔出去,说道:“物质是运动的。”“咚”的一声,石头落到了地上,她总结道:“运动是有规律的。”(刘永谋:《世界上最精彩的哲学故事》,哈尔滨:黑龙江科学技术出版社,2007,第3页。)

如果这就是哲学,那么多人皓首穷经,究竟是智者,还是“智障”呢?

另外一些人认为,人人都懂哲学,根本不用学,足够老就成哲学家了。这是把哲学当人生智慧和“心灵鸡汤”,把《增广贤文》里的“人善被人欺,马善被人骑”之类的格言当哲学,把段子里的“禅师”当成哲学家。

有个段子说是这么说的:

> 有个年轻人问禅师:“我志向高洁,出淤泥而不染,无法容纳这个污秽的世界。”禅师拿出一个袋子让年轻人把屋子里的垃圾装进去,年轻人很快就装满了,禅师又拿出一个袋子。年轻人恍然大悟:“您是说只要有足够宽广的胸怀,就能容纳这个世界?”禅师摇摇头,指着袋子说:“装,你继续装。”

好些人听说我学哲学,想拉着我给点人生意见。抱歉,哲学家不是心灵导师,也当不了心灵导师。拜托,我自己还想找禅师问问!学哲学就是学做人,这完全是臆想。

还有些人把哲学当作经天纬地的神秘“屠龙术”,属于秘而不传的“帝王之学”,以为国家纲领如十九大、二十大报告都是学哲学的人写的。有这种印象的人,把哲学家想象成鬼谷子、姚广孝和刘伯温这些传奇军师,奇门遁甲、阴阳术数无所不知,天下大事,掐指一算就能知晓。

这显然不符合事实。今天研究哲学的多数在大学教书,没什么仙风道骨。你看看我,除了有点帅,哪有什么骨骼清奇?

这又导致一些人担心除了教哲学,学了哲学找不到事干,会没钱吃饭。事实上,哲学不属于很不好就业的专业。

2. 什么是哲学

那么,究竟什么是哲学呢?

我们先说一点抽象的。

哲学是追寻深沉思想的学问。“哲学”(philosophy)的词源是希腊文 philosophos,意思是“爱智慧”,说明哲学追求终极真理。但是,注意“爱智慧”不等于智慧。没有证据表明哲学老师比商学老师更有智慧,不少哲学老师日子过得“一地鸡毛”。但是,哲学不满足于对问题的表面理解,对什么都爱刨根问底——不管哲学家有没有智慧,但对智慧的“爱”却是忠心不二。

别人灌你“心灵鸡汤”,让你交钱学习“成功学”。学哲学的人就会问一问:要是他们说的管用,为啥他们现在还在街上发传单、在网上拉“人头”呢?为什么不自己悄悄成功,要与人分享经验呢?这就是哲学的怀疑和批判精神。

哲学批判的恰恰是大家都认可、被视为常识的东西。《三字经》说："人之初，性本善。"学了哲学会质疑：连环杀人犯什么理由都没有就杀死很多根本不认识的人，难道他们也"性本善"？再一个，什么是善呢？杀人是恶，在战场上勇敢地杀死敌人是不是恶呢？这样一追问，大家默认的前提就暴露出来，思想越来越深沉，不会轻易被人蒙骗。

2020年浙江省高考作文原题是这样的——

> 家庭可能对我们有不同的预期，社会也可能会赋予我们别样的角色。在不断变化的现实生活中，个人与家庭、社会之间的落差或错位难免会产生。对此，你有怎样的体验与思考？写一篇文章，谈谈自己的看法。

前述《生活在树上》那篇作文，说来说去，意思不过是：人不能太自我，要尊重社会和家庭的意见。这种观点很常见，谈不上什么深沉。

面对这道题目，哲学会怎么进行前提批判呢？"家庭对我们有不同的预期"，一定和我们的想法不一样吗？我们的想法经常是受家庭影响形成的。再说了，家庭的预期是什么意思？爸爸妈妈、爷爷奶奶对我们的预期都一样吗？也许，爸爸想让我学计算机，妈妈想让我当医生，爷爷奶奶想让我当公务员。而且，他们的想法也不断变化，没有什么固定的家庭预期。而社会赋予我们的角色更是五花八门，可选择的空间简直是无限，怎么会"难免"产生误差呢？这个题目把个人与家庭、社会对立起来，本身就有问题。

因此，哲学反对思想上"托大""装叉"，不管说话的人是大官、大商还是大师，咱们论道理，不畏强权。

黑格尔有个比喻：哲学是厮杀的战场。从历史来看，哲学家们总是相互讨伐，后来的哲学家总是颠覆前面哲学家的理论，提出自己的新理论，哲学就在批判中前进。黑格尔原话是这样的：

> 全部哲学史这样就成了一个战场，堆满死人的骨骼。它是一个死人的王国，这王国不仅充满着肉体死亡了的个人，而且充满着已经推翻了的精神上死亡了的系统，在这里面，每一个杀死另一个，并且埋葬了另一个。（黑格尔：《哲学史演讲录》第一卷，贺麟、王太庆译，北京：商务印书馆，1959，第21—22页。）

黑格尔也被其他哲学家批评。有人认为他的理论体系庞大，实际上言之无物，名不符实。

总之，正是在对前辈的不断地批评中，哲学对真理的把握越来越深入。

进而言之，哲学追求真理，科学追求的不是真理吗？各门学科把握的是具体领域的真理，而哲学从总体上把握世界，寻找有关自然、人、知识和社会等的终极真理。

最早对哲学研究内容汇总的是亚里士多德的《形而上学》一书。亚里士多德死后，他的学生对其著作进行编纂，编了很多具体领域的书，如《诗学》《气象学》《政治学》《经济学》。最后剩下一些论稿不属于任何具体学科，将之汇集成册。因为上一本书是《物理学》（*Physics*），所以这本就取名为《物理学之后》（*Metaphysics*），讨论的是实体、存在和神等很玄虚的问题。“形而上学”是严复对“物理学之后”的意译，取的是《周易》中“形而上者谓之道，形而下者谓之器”。亚里士多德之后，哲学不断发展和变化，但一直都保持总体把握世界的特点，不能被划入具体的学科之中。

在历史的早期，人类对世界知之甚少，只能囫囵吞枣地总体把握。

那时,哲学占据人类知识的主要部分。后来,某个具体领域越来越深入,就会从哲学中分化出来。自然科学开始就属于哲学中研究自然的部分,在哥白尼的《天体运行论》之后才独立出去,至今自然科学的博士学位还是 Ph. D,即哲学博士,Ph. 就是“philosophy”的缩写。牛顿力学理论的著作名为《自然哲学之数学原理》。18 世纪,经济学从道德哲学中分化出来,经济学创始人亚当·斯密就是道德哲学教授。19 世纪下半叶,各门社会科学才从哲学中分化出来,比如社会学、心理学等。可以说,哲学是现代知识的“孵化器”,或者“知识之母”。

现在问题来了,随着不断分化,今天哲学还剩下什么呢?在中国,哲学是一级学科,下面有 8 个二级学科,即(1)马克思主义哲学、(2)中国哲学、(3)外国哲学、(4)逻辑学、(5)伦理学、(6)美学、(7)宗教学、(8)科技哲学。听名字,大家基本上知道它们研究的是什么。要解释的是:宗教学研究宗教,并不等于信教和信徒。也就是说,宗教学不等于神学,它更多地是对宗教进行批判性地反思。再一个科技哲学,它不研究具体的科技问题,而是对科学技术进行总体的哲学反思,比如说什么样的知识就称得上科学,科学技术发展对社会有什么样的影响。

要注意:“知识之母”既不等于说哲学比具体学科更优越,也不等于说哲学比它们更原始。具体学科专注于某个领域的研究,哲学对世界进行总体把握,给其他学科提供观念和方法上的间接支撑,是整个现代知识不可或缺的基础。所以,世界著名的大学都设有哲学系。清华大学主干为理工科,也办了不错的哲学系。著名的 MIT(麻省理工学院),哲学系办得很好。总之,哲学既不比别的专业高级,也不比它们低等。

和其他专业一样,哲学也有自己专业研究领域,并没有什么神秘之处。学习哲学既不会比人更聪明,也不会沦为傻瓜!

3. 技术时代的哲学反思

反过来,其他学科的发展又给哲学提供思考的素材。比如人工智能的发展,对哲学思考大有启发。哲学总思考“人是什么”的问题。以前,大家总拿人和动物比,认为人之所以是人,是人能完成智力上更高级的任务,比如算术、下棋。现在机器人算术和下棋比人还厉害,那它是否就是人了?一些人又反驳说,机器人不是人,因为机器人没有情感。你要拆了机器人的时候,它不知道害怕。这就有意思了:家里养的宠物狗有情感,你要炖了它,它知道害怕,但它不是人。再一个:你怎么知道机器人没有情感。如果设计一个机器人程序,只要你要拆它的时候,它就大哭、求你饶命,那这个机器人是不是人呢?这些问题越研究越深,能够加深哲学上对“人是什么”问题的理解。

说到这里,我们遇到第三个问题:当代哲学有什么特点?

从全世界范围来看,在当代哲学反思中,与科技发展尤其是高新技术相关的问题最热门,各个哲学分支都在努力介入,不仅是科技哲学。这便是当代哲学研究最大的特点。

为什么呢?哲学从总体上把握世界,世界在不断变化,所以哲学也要与时俱进。有人说,哲学是时代精神的结晶。说“我们的时代是技术时代”,我想不会有人反对。

以往大家认为,技术是科学原理的应用,到 21 世纪越来越多人认为,某个科学分支因为能够服务于技术目标才能得到社会重视。于是,科学与技术的优先性关系发生实际的翻转,我称之为“技术的反叛”。

今天不管干什么,都离不开各种各样的技术。以前是“看”孩子,腿脚灵便的退休老人都行,现在要“科学育儿”,有钱的话,要请受过专门技术训练的“月嫂”“育儿嫂”。以前有什么不懂问爸妈、老师,现在都是“百度”一下。以前看到雨后彩虹,呆呆地望着,心里惊叹,现在都是不要急,不要慌,掏出手机,拍个视频,发个朋友圈!

在技术时代,哲学不研究技术,怎么把握时代精神呢?显然不可能。但是,不是理工科专门研究技术吗?哲学怎么研究技术呢?理工科研究技术,想的是如何推动具体技术向前发展。哲学思考的是:新技术对社会带来什么样的冲击,如何才能更好地运用、引导和控制技术的发展。简言之,当代哲学聚焦于反思技术和人的关系。

举个例子。2019 年,“基因编辑婴儿事件”备受关注。贺建奎认为,婴儿经过基因编辑对艾滋病免疫,这当然是一件好事。可是,社会上批评贺建奎的声音居多,科学界的主流意见也是反对基因编辑婴儿的。为什么会这样呢?显然,生物科学家和基因工程师不会专门思考这样的问题。

再举个例子。前一阵有个标题为“对不起,这 2.5 亿被二维码抛弃的人,正在消失……”的帖子,被很多人转发,讲的是疫情期间到处都要“健康码”,医院都是 APP 预约挂号看病,很多老人不会用,生活受到很大影响。“2.5 亿”有点夸张,也有不少老人手机用得很“溜”,但帖子说的问题的确不可忽视。任由“老年人不友好”蔓延,会导致诸多令人头疼的社会问题。但是,无论是自动化、人工智能专业,还是计算机、通信和软件开发专业,都不会专门思考“老年人不友好”问题。

实际上,学界对“老年人不友好”现象的呼声很大,中国政府反应也非常迅速。2020 年 11 月 24 日,国务院办公厅印发《关于切实解决老年人运用智能技术困难的实施方案》,要求有效解决老年人在出行、就医和消费等日常生活中遇到的困难。

在技术时代,类似的问题越来越多,影响的人也越来越广泛。为什么呢?因为新技术的特点之一便是它会深入到社会生活的方方面面。当代科技最新进展不仅在彻底改造每个人的生活方式,而且开始尝试改造人类本身——包括肉体和精神,段伟文称之为“深度科技化”。换言之,在深度科技化的时代,新技术引发的伦理问题、社会问题,必须得到足够的关注和研究,具体的理工科不关心这些问题,需要哲学来进行专门的反思。

很多人讲起哲学专业的用处,总喜欢说“哲学无用,无用才是大用”,用庄子《逍遥游》里的故事为之注解:

> 惠子怼庄子说:“有一种大臭椿,长得很粗大,弯弯曲曲、枝枝蔓蔓,不能作木材,没有什么用处。长在大路旁,路过的木匠看都不看。你说的话就像大臭椿,大而无用,没人信。”
>
> 庄子回击道:“野猫和黄鼠狼上蹿下跳,擅长袭击猎物,最后往往中了机关,死在猎人手中。大臭椿你觉得它没用,可没人想砍它,没有什么东西想害它。虽然没有什么用处,可也完全不会惹祸啊!”

将哲学比喻成大臭椿,对于普通人而言,往往觉得莫名其妙、装腔作势,或者自欺欺人。我不喜欢这个奇怪的比喻。

如果哲学真正能够把握时代精神,说出人民的呼声,怎么会是无用的呢?有些哲学之所以无用,恰恰是因为脱离时代,囿于精神的一隅,甚至自说自话、自娱自乐。因此,当代哲学必须关注最新技术的发展,回应技术时代的新问题和新挑战。

本书收录的文章基本上是我于2018—2020年期间创作的，绝大部分均已发表于《光明日报》《中国科学报》《信睿周报》《财新周刊》《民主与科学》《环球》等纸媒，其他亦发表于“澎湃思想市场”、《南方人物周刊》微信公众号、腾云微信公众号、科学网微信公众号以及我本人的“不好为师而人师者”微信公众号上。

收录的文章以“技术时代”为主题，展开为“人类的命运”“技—艺新世界”“新技术治理”“新冠启示录”和“工程与科学”五大块，共计30余篇。有的是短评，有的是笔谈，还有少量演讲稿，长短不一，均文风平实生动，不似学术论文般晦涩，适宜非专业的普通公众阅读。不少文章见诸媒体之后，引起了相当大的社会反响。

高新技术的社会冲击，可谓有目共睹。如果对此感兴趣，闲来无事，翻翻此书，定不会毫无益处。

是为序。

一

人类的命运

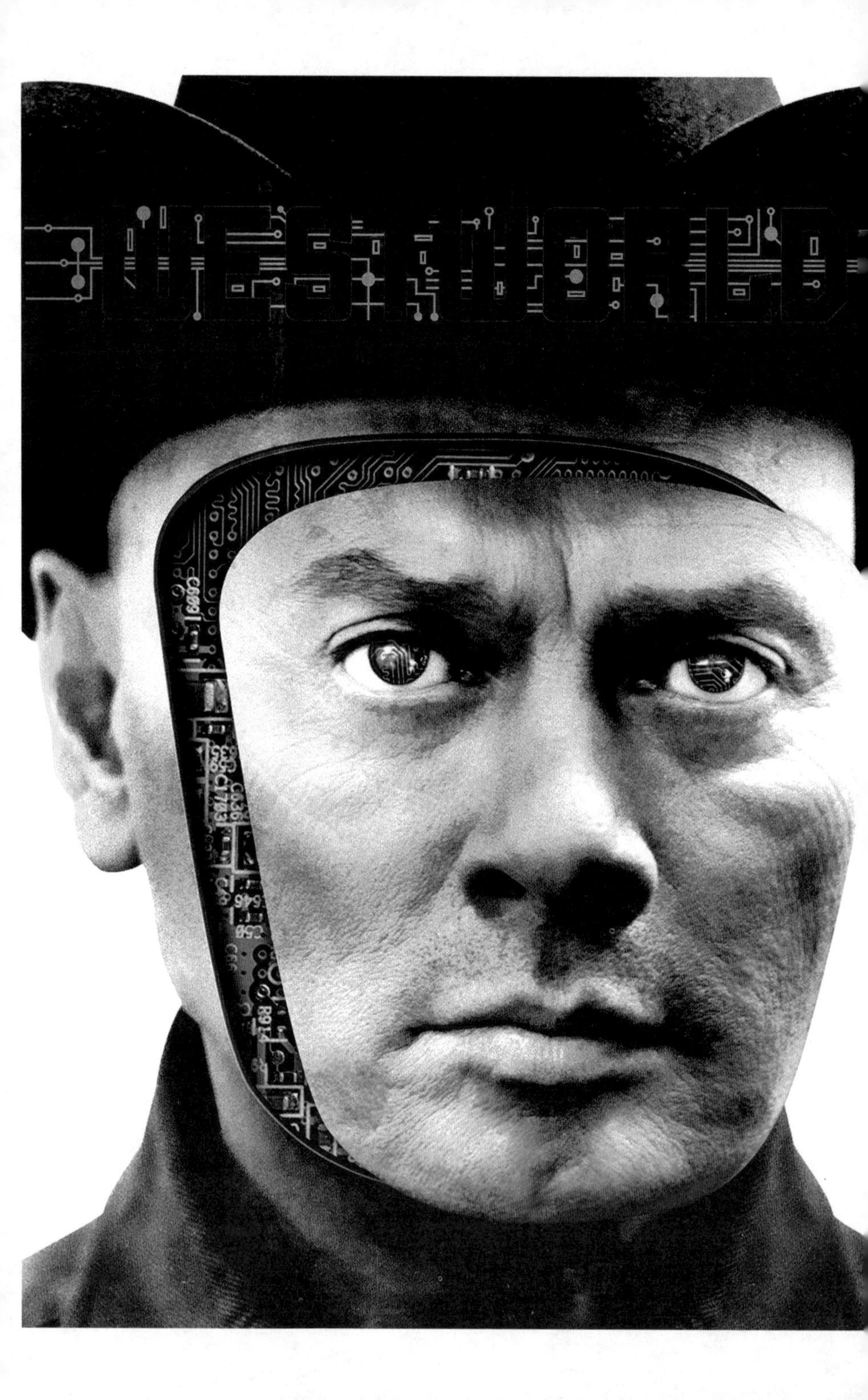

我们为什么爱刷手机

从使用手机、沉迷手机到依赖手机，现代人刷手机时间占比越来越大，对手机的控制程度越来越低，手机厂商、各种 APP 则越来越成功。因为没有办法科学地界定出每天使用时间超过多少属于使用过度，被夺走手机多久后出现何种症状属于不能自控，“使用”“沉迷”和“依赖”手机的修辞学意味浓厚，更多是传达着情绪上的担忧和道德上的愤懑。但地铁上人人刷手机却是不争的事实。假若来个外星人，看到人类整齐划一地低着头，鸦雀无声地望着手上的闪亮屏幕，会不会以为是某种集体宗教仪式，或者被某种拥有巨大力量的怪物同时控制？此时，很难质疑对手机的沉迷与依赖不存在。

“真不能怪我”

过度使用手机而不能自控的行为，对手机使用者具有不同程度的危害，被称为手机依赖。手机依赖既引发各种身体和神经性疾病如干眼病、颈椎病，甚至有说会改变脑灰质密度；也导致各种心理和精神问题如抑郁、智商下降；还是某些社会问题的原因，如夫妻关系不睦、亲子关系不调、学生厌学等。很多人认为，作为一种科学概念，手机依赖内涵和外延都不清楚。然而，这并不影响手机依赖被认定为 21 世纪最常见的非药物依赖之一。

换言之,过度使用手机已经被界定为心理疾病,常见于大学生、职业技术学院学生和女性,这不是瞎说,而是检索诸多研究后的结论。在此思路之下,可以类比毒品成瘾、酒精成瘾等来研究手机依赖,如程度测量、产生机制和干预方法,等等。但是,究竟是得手机依赖症才爱玩手机,还是爱玩手机才得手机依赖症呢?

毒品或酒精成瘾有明确的成瘾物质,手机依赖则找不出。有研究认为,刷手机时大脑会分泌多巴胺,让人觉得兴奋和开心。不光玩手机、吸毒和喝酒时大脑会分泌多巴胺,吃饭、服药、吸烟和谈恋爱也会调动多巴胺反应中心。所以,将多巴胺界定为成瘾物质,和说刷手机开心是因为爱刷手机一样,没有太多意义。

晚上刷手机不睡,有人说是因为手机蓝光抑制松果体分泌褪黑素,让人睡不着。手机屏幕夜间模式减少了蓝光,人是不是就不爱玩手机了?再一个,蓝光让你睡不着,不能干点别的吗?人开着灯不容易睡着,和手机蓝光多是同样道理。问题是:你会关灯睡觉,为什么不关手机睡觉呢?

还有人找到技术的原因,可以分为两类:手机技术太好,或者太坏。太好派说,智能手机功能强大,使用太方便,想干啥干啥。技术太好,你就不停刷手机啊?好的技术不止手机吧,为什么独独爱刷手机呢?太坏派说,智能手机设计故意让人上瘾,刷手机的毛病是设计者害的。奈斯比特认为,让人依赖加深是高科技的重要特征,称之为“科技上瘾区的扩张”。从广义上说,改善用户体验的设计都催生技术上瘾,很难区别有害的上瘾设计和增加用户黏度的优化设计。并且,面对上瘾性智能手机,使用者不能自决或拒绝吗?

当然,还可以发现沉迷手机的社会原因。一个美国同事在美国不用手机,有事发电子邮件,在北京不得不买个手机,因为很多事情比如办银行卡必须填手机号。当然,买了手机可以只打电话,可听说他买了手机,大家都让他装个微信方便联系。这个例子说明:在当前的社会环境中,手机世界与现实世界紧密交织,会刺激刷手机行为。

找找自己的原因

将手机依赖等同于网络依赖,没有办法找出爱刷手机的原因。为什么女性和大学生更爱刷手机?研究表明:网吧上网主要是打游戏,刷手机主要是使用社交软件、购物、看新闻和刷微博。所以,一些人认为,手机上瘾实际上是社交上瘾。维塞尔说:"手机并不是反社交的,正是因为我们是依赖社交的物种,才会想要联系他人。"但是,社交并非手机的唯一功能,而且手机社交取代真实社交,有时也导致人与人之间的疏远。

社交过载已经引起大家的注意:社交并非越多越好,手机社交冗余是典型例子,有人将之称为"手机社交沉迷",认定原因是各种不健康的心理状态。比如过度从众的心理,只有在集体中才能感到自己的存在。对此,勒庞在《乌合之众》早有论述,而加塞特的《大众的反叛》、李普曼的《幻影公众》、米尔斯的《权力精英》、怀特的《组织人》等名著均将之视为20世纪人性演变的新趋势。

很多人刷手机是由于对信息的饥渴导致的,我称之为"信息贪婪":什么都想知道,异国他乡的一桩劫案,跟你"毛线"关系没有的明星偷情细节……当代人处于信息过载而不自知,常常刷帖发圈的时候还顺手刷个广告。为什么呢？好玩。对此，波兹曼称之为文化艾滋病（AIDS，Anti-Information Deficiency Syndrome，抗信息缺损综合征），并在《娱乐至死》中大加鞭挞。

有人认为，孤僻、自卑或相对缺乏自信的人爱刷手机。许多研究者便如此解释“银发族”、女人和大学生爱刷手机的原因：老人孤独寂寞，大学生前途未卜和怀疑自己能力，女性的自我认知往往依赖他人评价。有种客体化理论（objectification theory）认为，女性爱在朋友圈发自拍照，希望别人对自己外貌点赞而找到能力方面的自信，属于典型认知偏差。

不少人说，刷手机是害怕和逃避孤独、不安和焦虑。在《逃避自由》中，弗洛姆提出“自由悖论”：自由既可以让人更多地支配自己的生活，也会让人感到孤独和不安，因为获得自由意味着从更紧密的社会联系中独立出来。如果主动运用自由全面发展，彰显人生价值，充分完善自我人格，便实现了积极自由。但是，更多人追求的是消极自由，即从各种社会关系的束缚中解脱出来，反而使自己陷于孤独，产生无能为力感和焦虑不安的消极心态。此时，人容易放弃追求自由，以刷手机减轻心理压力，在其中迷失自我，此即弗洛姆所称的“逃避自由”现象。

有人认为，爱刷手机是因为感到人生没有意义，无聊才刷手机。拉康认为，当代人的意义从可以为之奋斗的未来理想世界，转变为只寻求充满欢乐的“当下”，人类陷入无意义的迷幻之中，感受不到真实世界，“遗忘”了冰冷的社会境遇。换句话说，当代社会主张的意义，如以自我为中心、只关心眼前、把精致的自恋当作终极理想，乃是一种快乐的“无意义”。

在“容易世界”表演

我以为,有的人爱刷手机,是想通过“表演”而成为另外一个人,从而忘记真实世界的无力。所以常有人说,手机上“戏精”“精分”以及“精神小伙”“精神小妹”特别多。在手机中,不再有生活,只有表演,只有欺骗和自我欺骗。

不过,当代人爱刷手机,我琢磨最重要原因是:智能手机“制造”出一个“容易世界”,降低人生“打怪升级”困难的感受度。在手机上,任何事情看起来都变得很容易:想吃饭,想买东西,想借钱,想找人聊天,想谈个恋爱,想冒充会大佬……手指划划点点戳戳就好了。每一次手机使用都点滴增加着类似的感觉:世界仿佛为你而生,你便是“国王”或“魔法师”。

按照行为主义的观点,行为的后果会强化特定的行为模式,正面效应增加行为发生的频率,负面后果则会减少之,所以刷手机不断被离苦得乐的“容易世界”强化,最终沉迷其中而不可自拔。只可惜一切终究只是错觉:当没钱买东西、交网费电费时,“容易世界”立马烟消云散,人生暴露出原本的残酷面貌。

哪种有道理,君请自选。我定了条规矩:手机不能进卧室和书房,不晓得是否守得住。无论如何,为什么人爱刷手机,绝对是一个意味深长的问题。

机器性爱会吞噬人性吗

毋庸讳言,“机器性爱”是大火的人工智能领域最“吸睛”的话题之一。

很多人认为,“机器伴侣”将是未来智能机器人发展最广阔的市场和最大的动力。所谓“食色性也”,这种想法并非什么奇谈怪论。当然,我们需要的陪伴机器人,不限于亲密的“机器小哥哥”“机器小姐姐”,还包括聊聊天、谈谈心的机器“知心人”,或者陪玩陪疯机器“二货哥们”、机器“塑料闺蜜”,甚至是丁克家庭的机器“儿子”“女儿”和机器“宠物”。

很多反对者认为,伴侣机器人越做越逼真,越来越多的人将与之共同生活——已经有人和充气娃娃、虚拟玩偶“初音”结婚了,久而久之,人会越来越像机器,即在一定程度上失去人性。我称之为智能时代的“人类机器化忧虑”。

“人类机器化忧虑”由来已久,可以追溯至工业革命。莫里森认为:“工业主义的胜利就是不仅将个人变成机器的奴隶,而且将个人变成机器的组成部分。”迄今为止,许多人并不认为人已经被“机器化”。但反对者会说,机器伴侣不是一般的机器,深度侵入人类情感与人际最核心的性爱区域,这难道不会撼动、损害甚至吞噬人性吗?

肉体关系不神秘

很多人将肉体关系看得很不一般。白素贞修炼千年,仍未通人性,必须和许仙恋爱结婚,多次“不可描述行为”之后才通人性。似乎人性是某种流动的“热素”:蛇和人亲热,可慢慢被“注入”人性。反过来许仙会不会“蛇化”呢?和蛇精处久了,许仙性命堪忧,这是不是人性“流失”的后果?人性“流动”要不要服从转化守恒定律呢?

如果人和蛇的“灵性值”有级差,那不同人种、不同性别和不同地域的个体拥有的“人性值”是不是也有差距呢?不少人认为,残忍的罪犯和严重智障人士人性要少一点。如果“人性值”有差距,享受的待遇是不是应该有所差别呢?再一个,“人性值”越高越好吗?就忠诚而言,“狗性”是不是更好一些呢?人性究竟是个什么东西呢?

把性爱看得很重要、很神秘、很“本质”,残存着浓郁的性蒙昧主义气息。弗洛伊德尝试用性和“利比多”解释一切人类行为,他的精神分析学被质疑为古老性欲崇拜的现代版本。不少理论家都将之排除于科学之外,视为某种哲学或文学的遐思。

有人会反驳说,性关系并非简单的物理运动,更重要的是附着其上的感情。问题是:人只能与人产生感情,不能与机器人产生感情吗?很多人对家里养的宠物感情很深。反对者会说,宠物与机器伴侣不同,宠物有生命,有灵性。可有生命才有灵性吗?中国人常相信玉石有灵,孙悟空就是从石头中孕育出来的。当伴侣机器人能像人一样“说话”、一样运动,智力远超宠物,还可自我复制,凭什么说比宠物“灵性值”低一些?再说了,人怎么就不能对非生命的东西产生感情呢？我们喜欢文玩和古物，建各种博物馆，里面没有对它们的情感因素？

爱情也并不永恒

当然，反对者可以说自己担心的是人与机器伴侣的爱情，而不是所有感情，因为爱情是人最宝贵的情感，不容机器染指。

然而，人恋物的现象并不罕见，丝袜、制服、内衣等也有可能成为被迷恋物。古希腊神话中有一则国王皮格马利翁的恋物故事，讲的是他爱上自己用象牙雕刻的美丽少女，国王给“她”穿上衣服，取名塞拉蒂，每天拥抱亲吻，后来爱情女神把雕像变成了活人，与皮格马利翁结了婚。而一些人认为，中国古代女性缠足、19 世纪西方女性束腰以及当代女性隆胸时尚，均可以用恋物来解释。从恋物角度来看，人当然可能爱上机器伴侣。

反对者会说，神圣的爱情不容恋物玷污。的确，爱情至上论在大都市非常流行，对于对吃饱穿暖的中产和文青尤为如此，简直升华为“情感意识形态”：“有钱有闲了，不谈谈佛，就谈谈爱吧。”可是，在现实中，有多少令人羡慕和尊敬的不变爱情？有研究认为，爱情是某种多巴胺类物质分泌的结果，持续时间 18 个月。人对机器伴侣的爱情，理论上也就能坚持这么久。

一男对一女“永恒爱情”的说法盛行，不过是最近几百年的事情，主要归功于基督教兴起之后不遗余力的提倡。在欧洲中世纪，一方面是教会关于一对一关系的严厉说教，另一方面则是事实上的混乱情人关系的存在。倍倍尔在《妇女与社会主义》指出，自骑士小说兴起，吹嘘对女人的征服逐渐转变成歌颂爱情、尊重女人的所谓“骑士风度”，可真实的骑士爱情大多是始乱终弃的故事，忠贞不渝的爱情只写在书里。中国的情况更甚：一百年前还是一夫多妻制度，小两口感情太好，公婆还可能指责小媳妇“狐狸精”，耽误了丈夫做正事。总的来说，传统婚姻制度附属于财产关系，强调主妇对家庭财产和事务的管理权，既不是“爱情结晶”，也不是“爱情坟墓”。毫无疑问，当女性经济自主，才能要求一对一的爱情关系。

不想大谈爱情哲学，我只是想说：“爱情”从来就不是永恒的，而是一定历史时期的社会建构物。这谈不上人性不人性的事情，因为没有证据表明：一生只爱一人更人性。可以想象，人与机器伴侣的亲密关系，不大可能是一对一的。实际上，我并不认为有普遍、一致和不变的人性，上述判断仅基于常识。

争当有趣伴侣

还有一些反对者担心人类繁衍：当代生活忙碌而焦虑，性生活越来越“萧条”——据说现在大城市里很多30多岁的夫妻已然处于无性状态——机器伴侣再“夺走”一些，人类生孩子的意愿肯定越来越淡薄，搞不好最后因此而“绝种”。食色，性也，不生孩子，难道不是另一种人性沦丧吗？

生育率降低怪伴侣机器人，这完全没道理。安全避孕技术诞生以来，发达国家的生育率就不断走低，而机器伴侣还没有大规模商用。显然，人们不愿意生孩子，症结不在技术方面，而在于制度和文化方面。如果真的想生孩子，机器伴侣可以装上机器子宫，孕育“机器试管婴儿”。

必须承认,机器伴侣将对既有爱情观念和婚姻制度带来巨大冲击。可是,当爱上人或被人爱上越来越困难,是不是得想一想:人是不是越来越无趣,还不如一个手机好玩呢?越来越多的人不想结婚,是不是得想一想:现代社会的婚姻是不是出了问题,真地堕落为“伟大导师”所谓的“合法的卖淫”或“变相的嫖娼”?

一句话,担心性爱机器人可能漏电,或担心它吞噬人性,基本上是想多了。事实上,谁也搞不清怎么就更像人,或更不像人。

技术拒绝的究竟是什么

在使用各类技术系统的过程中,会遭遇各类被拒绝的场景,如邮箱密码错误被拒绝、身份不符被拒绝以及技术错误被拒绝。

有天早晨,突然想申请个“企鹅号”,需要人脸识别身份,躺被窝里弄几次,又正襟危坐弄几次,都没有通过,只好放弃。后来,在手机上申办“北京健康宝”,也碰到同样的情况:我被人脸识别技术拒绝了。人脸识别技术对我“说”:我这条路你走不通,上传手持身份证的照片吧,或者直接给客服打电话解决。

技术拒绝属于技术挫败。简单地说,技术挫败就是技术“打败”了你,让你在强大技术力量面前感到无力、无能和无用。有些技术挫败可以勇敢地“战胜”,有些技术挫败则不能因为“勇敢面对”而解决。比如手动挡的汽车,开惯自动挡的司机很多开不好,但如果认真训练一段时间,一般都能驾驭,这属于可以战胜的技术挫败。而工业革命时代的卢德主义者面对的,则属于不可战胜的技术挫败:新机器的使用,使得生产相同数量的产品不需要以前那么多的工人,工人再怎么努力,也无法改变新技术使用导致一些人失业的事实,只能打砸机器泄愤,这就属于个人不可战胜的技术挫败。

技术拒绝乃是某种不可战胜的技术挫败。卢德主义者遭遇的,是技术对更高效率不可遏制的追求,是整个资本主义技术系统对他们的

“拒绝”。人脸识别拒绝我,同样是系统性的拒绝。

围绕人脸识别技术及其运用,一整套技术体系建立起来,包括运行标准、程序和场景,也包括拒绝,等等。“企鹅号”面部识别没有通过,应该是即时自拍照与系统中储存的证件照不匹配。如果无法阻止自己因衰老而容貌变化,就应该更频繁更新身份证照片。否则面部识别技术就要淘汰不符合技术标准的被识别者。

当然,虽然极少出现,仍然存在某些技术错误的情况,比如穿上特制图案的T恤,图像识别软件就可能出错。从商业角度来看,技术错误要尽量避免,但从技术体系来看,技术错误属于可以允许的误差。极少数的人因为技术错误而被技术拒绝,并不影响技术运行的大战略。

技术拒绝导致特殊的不友好,一种根植于技术本性的不可消除的不友好。比方说短视频技术对老年人的不友好。

统计数字表明:中国主流短视频用户中45岁以上的不到10%。为什么呢?新APP老年人学起来不容易,字太小或声音太小导致用起来困难,拍摄短视频要学许多技术更是难上加难……这些属于所有高新技术共有的“老年人不友好”,可以通过“老年化设计”来减缓。

很少有人注意到还存在另一种短视频“老年人不友好”:短视频展示的都是年轻、漂亮、健壮、时尚和向上生长的世界,而老年世界则意味着衰老孱弱、美人迟暮和迈向黄昏。稍微留意一下就会发现:除了卖保健品的,短视频中反映老年人生活的内容极少。从某种意义上说,短视频中的十级美图技术就是遮蔽老年世界的。

技术讲究不断创新,高新技术创新速度越来越快。换言之,以新胜旧乃是技术的本性。这就是所谓的“技术加速”,即技术发展不断推动当代社会急速变迁。不仅是对老年人,所有跟不上创新脚步的人,新技术大势上都是拒绝的,停下来等候都是暂时的。

技术拒绝的究竟是什么呢?它拒绝一切进化缓慢的东西。技术只能听到“新人笑”,听不进“旧人哭”。再进一步,它拒绝的是真实的物和真实的人,因为真实的存在者,既有走得慢的,也有走得快的。对于技术而言,减速主义的世界是不存在的,应该直接被拒绝。

而对于数字技术而言,快与慢是以数字化来衡量的,不能被及时编码的事物很快会被忘记,不能迅速编码的人很快会被抛下。这就是数字时代标准物与标准人的故事:一种新的“单向度”开始发挥巨大的力量,我称之为“数字单向度”。数字技术的上瘾者,是“数字单向度”的急先锋。

技术世界并不等于全部真实世界,它拒绝了你又何妨?那么多媒体平台,“企鹅号”不用就不用吧。你觉得呢?

“大家增强，可别落下我”

人类增强运用高新技术手段,目标是让人变得更强壮、更聪明、更长寿、更年轻、更健康、更敏捷……总之是变得更好。最近,京东物流的女快递员使用机器外骨骼,走楼梯轻松将双开门大冰箱搬上六楼,极大提高物流效率。这能有什么问题呢?

奥林匹克运动的座右铭“更快,更高,更强”难道不是提倡人体运动技能的“增强”吗?还有在中国升学可以加分的“奥赛”,不是鼓励大脑智力的“增强”吗?无论奥运会,还是“奥赛”,训练参赛者都会合理运用技术方法,实现科学训练。当代人类增强采用诸多新技术,如纳米技术、生物技术和信息技术等,目标仍是让人变得更好,与传统的人类增强有根本区别吗?没有。那么,大家对人类增强议论纷纷,究竟在担心什么呢?

会不会扩大不平等?

人类增强主要包括:感觉增强(如助听器),附肢和生物学功能增强(如假肢),脑增强(或认知增强,如“聪明药”),遗传增强(如基因编辑)。举个遗传增强的例子来分析。

2019年年初,“基因编辑婴儿事件”沸沸扬扬,不仅官员、学者关注,普通老百姓也议论纷纷。正常人可能感染艾滋病毒,基因编辑“增强”婴儿的免疫能力,使之不再感染艾滋病毒。对那些父母有艾滋病的婴儿而言,似乎可以把贺建奎的工作视为预防性治疗而非增强。但是,遗传治疗和遗传增强所运用的技术完全一样,差别只在于接受者是否健康正常。

“聪明药”给智障者吃可以提升智力,给正常人吃可以让其智力超常。增强技术一旦发明出来,可能被限制在治疗的范围吗?人人都想追求更好的自己,这无可厚非。大家对贺建奎的不满是什么呢?

一些科技专家抱怨老百姓根本没有基因编辑知识,分不清基因治疗与基因修饰、体细胞编辑与生殖细胞编辑,根本不用跟老百姓讨论问题。有些专家担心现有的遗传增强技术不安全,可能有副作用。

普通人的确不懂技术,但中国老百姓历来对科技创新比较宽容,一般认为技术可以慢慢完善,开始出现点问题不是不可以接受的。再一个,他们会觉得,上头还有党和国家会操心基因增强的技术风险问题,如果政府同意,便不会有什么大问题。这一点和西方不同,西方公众常常怀疑政府、专家和跨国公司串通起来压迫人民群众。

人文学者则发表一些高深的批评意见。有的说,人自己编辑自己,开始人造人,僭越大自然或上帝的神圣职责。也有人说,人类基因是神圣的,随便改变它侮辱人类尊严。还有人说,人等于特定的基因,编辑了它,人就“有点”不是人了。这些“掉书袋”的意见也不是说没有道理,可普通人接受度不高。只有上帝才能造人,基因不变等于人类尊严,人与非人要保持界限,这些想法听起来西方人更容易接受。

从流传最广的相关帖子来看,中国老百姓最担心的应该是:基因增强得花钱,它肯定有高中低不同版本,钱不够只能用低配技术,孩子直接就输在起跑线了。道理很简单:别人增强就等于你变弱,人类增强同时意味着人类削弱。也就是说,基因增强可能扩大社会不平等,这才是中国老百姓最担心的问题。

"聪明药"要不要吃？我女儿毫不犹豫地回答：当然要吃，吃了就能考第一名了。人类社会从来就是不平等的，人人平等只存在于理想的乌托邦中。从某种意义上说，人与人之间不平等可以分为生物性状的不平等和社会性状的不平等。后者比如各种拼爹，前者是身体机能差异，比如胖瘦美丑愚智寿夭。想一想，生在穷人家尚可以通过勤奋弥补，可生来就比别人蠢，拿什么和别人拼呢？俗话说，有钱没钱进了澡堂一个样，可人类增强之后，脱了衣服人和人可真就不一样了，别人可能是有外骨骼的"金刚狼"。

会不会被极权奴役？

显然，生物性状上的不平等更加难以逾越。穷人家的孩子没钱增强，一丁点"翻盘"的机会都没有。如果独裁者运用人类增强技术，固定不同社会阶层在生物性状上的差距，如此等级社会还有办法推翻吗？在《美丽新世界》中，赫胥黎描述过类似的可怕景象：在婴儿孕育的过程中，就分别运用不同的生化技术制造出不同体力、智力和情感特征的社会成员，出生后分属不同的社会等级，低等级的社会成员比高等级的天生要蠢一些、丑一些、弱一些。

统治者大规模运用技术手段，制造人在生物性状上的差异，以此维护极权主义统治，我称之为人种分级术。技术手段运用于正常的社会治理属于治理术，但超出应有的界限就变成操控术。人种分级术属于操控术，包括致畸术和优化术。

致畸术故意制造被统治者在智力和体力上的缺陷，使之甘于、适于被压迫。有证据表明,有些乞讨的小孩是被人故意弄残弄傻的。显然,公开对被统治者实施大规模的致畸术不大可能。但是,垄断人类增强技术,对少数统治者进行智力和体力上的优化完全可行,此即优化术。据传纳粹曾搞过“摇篮”或“方舟”计划,要选育最优良的纯种雅利安人,让他们统治国家。

历史上臭名昭著的“优生学”,便是某种将人类增强运用于社会治理的极权计划。对人种进行优化,乍听起来没大问题,但“优生学”在实践中还意味着对“劣种”的歧视和灭绝,比如搞种族隔离、大规模灭绝犹太人等。

因此,人类增强不仅可能扩大不平等,如果失去控制还可能成为极权的帮凶和奴役工具,我称之为增强操控问题。好莱坞科幻电影《冲出克隆岛》,描述的便是运用生化技术残酷奴役克隆人的故事,比如为获取克隆器官缩短克隆人的寿命,加速克隆人的生长速度,而使之认知能力停留在婴儿阶段。

一定要记住:使用在克隆人身上的生化操控技术同样适用于正常人类,这是《冲出克隆岛》让观影者不寒而栗的根源。可以说,《冲出克隆岛》以一种极端形式隐喻增强操控等级社会中无权者的悲惨命运:无权者在其中的地位,与片中克隆人的地位类似。此时,问题不再纯粹是增强技术问题,而更多是政治和社会制度安排的问题。

中国人没有上帝的观念,没有抽象人类尊严的概念。但是,我们有自己的伦理禁忌模式,在中国讨论科技伦理问题,必须结合具体的中国语境。按照中国人的伦理观念,人类增强技术并非百无禁忌,尤其必须考虑“不患寡而患不均”的问题——用明白的话说:“大家增强,可别落下我!”

是 AI 向善，还是人类向善

“AI 向善”是一个非常有趣的说法,值得认真咀嚼。为什么不说“让 AI 善良”呢?

当我们说“AI 向善”的时候,意思是 AI 是个“活物”,它有向善的意欲,用个术语叫“意向性”。当然,你可以说,我们是在隐喻的意义上来说“AI 向善”,并非在绝对意义上断定 AI 是个“活物”,更没有断定 AI 是人类意识层面上的“活物”。但是,无论如何,“AI 向善”的说法暗示 AI 具有很强的自主性,以至于我们可以说“AI 想要向善”或者“人类可以引导、规范或逼迫 AI 向善”。

AI 究竟有没有自主性呢? 在当代技术哲学当中,技术自主性是一个基础性的、争议性非常大的问题。一般说来,我们可以将各种观点划分为两种,即技术的工具论和技术的实体论。

技术的工具论认为,技术仅仅是一种工具,是实现目标的手段,本身并没有善恶,所谓技术的善恶实际是使用它的人的善恶。比如说,一把菜刀,你可以用来切菜,也可以用来杀人。菜刀杀人了,你不能怪菜刀。

技术的实体论认为,技术可不是简单的工具,而是负载着价值的,也就是说它自主发展,有自身发展的方向,最终会实现它的目标,这是不以人的意志为转移的。比如说,很多人认为互联网天然就是反权威、去中心的，还有一些人认为区块链一定会推动公开和诚信。

显然，“AI 向善”的基本立场是技术实体论的。按照这种观点，AI 具有自主性，而既然如此，AI 要向善或者向恶，我们如何能左右它、控制它呢？

当然，除了这两种二元对立的观点外，有些哲学家尝试提出调和的观点，比如大技术哲学家芬伯格（Andrew Feenberg）提出了“技术设计”的观点，意思是技术发展是同时协调技术要素和社会要素的结果。举个例子，我们骑的自行车，小时候主要载物载人，要有车筐、有后座，男人都骑着“二八大杠”，非常结实；现在很多人是拿来锻炼身体或者远足骑行的，所以要很漂亮，能跑上坡；而现在的共享单车，主要是解决从家到地铁站所谓“最后一公里交通”的问题，设计非常简单。这些自行车技术要素上是大同小异的，区别就在于融合的社会要素不一样。

我怎么看技术的自主性的争论呢？

第一，工具论向实体论的变迁，也就是说越来越多的人从工具论转向实体论，是技术发展得越来越复杂的结果。当技术相对比较简单的时候，人们比较容易相信工具论。而当技术变得越来越复杂，一般人难以或者完全理解不了，单个的人无法驾驭或操纵复杂技术系统，此时人们比较容易相信实体论。这一点从前面的例子可见一斑：工具论我们举菜刀为例，而实体论我们举互联网、区块链为例。

第二，技术的自主性争论根源于如何理解人与技术、人与机器关系的问题。有人认为机器帮助人类，也有人说人机是对抗关系，而现在越来越多地讲人与机器是协同进化的。人机协同进化论很有道理，但这是一种“上帝视角”或“宇宙视角”，站在非常超脱的位置看人机关系。的确,人与机器必然是协同进化的,但是协同进化的最终结果也可能是人类灭绝。有意义、有价值的是人类视角,也就是说在人机协同进化中人类应该如何选择应对方案,以确保人族福祉。

从某种意义上说,AI 出现让人类面对“新无知之幕”,即不知道人机协同进化的最终结果而要做出行动选择。政治哲学中讲的“无知之幕”,粗略说是有关国家如何建构的:大家聚在一起商量建成一个国家,结束人与人之间野蛮暴力状态,但是每个人都不知道在建成后国家中自己将处于哪一个阶层、哪一种角色,在这种对未来无知状态中来讨论应该如何安排新国家的社会制度。你想,你可能属于社会中最弱势的群体,你会不会给穷人提供必要的制度保障和救济措施呢?

总之,“新无知之幕”是一个隐喻,讨论人如何在“盲人摸象”中应对未来与拟主体、能力超强的 AI 共同生活。

第三,无论是工具论、实体论,还是技术设计论,它们都是哲学观念,而并非自然科学意义上的客观理论,也就是说你不能说在科学意义上哪一个对或哪一个就错了。哲学观念是不能用实验或观察来检验、证实或证伪的。

因此,我以为,工具论与实体论的争论,在实践中直接指向的是技术能不能控制的问题,而这个问题的答案不应该从技术中寻找,不在于技术而在于人类,在于人类的选择:第一,我们有没有决心和勇气控制技术的发展,第二,更重要的是,为达成对技术的控制,我们愿意做出何种付出甚至牺牲。比如,手机很好玩,让人上瘾,以至于有人说:为什么要找女友找男友呢,难道是手机不好玩了吗?你想控制手机上瘾,本质上是控制你从手机上获得的感官刺激。

我的想法,可以称之为“技术控制的选择论”。

因此,AI 要向善,从根本上说,是使用 AI 的人类的选择问题,是人类能不能向善的问题,准确地说,是人类能不能为了向善而努力、付出和牺牲的问题。

善良从来都不是一件容易的、好玩的、赏心悦目的事情,所以老话说:人善被人欺,马善被人骑。相反,沉沦却是一件非常随性、舒适甚至感觉到“躺赢”的舒服事。想一想“开挂”打游戏的时候,你是不是有一种极度舒适的感觉?那时你想过没有,你在做一件错误的事情?

现在的问题变成了:人类可不可能向善?如果你相信人性的观念,也就是说你相信所有的人从根本上都有着同样的本质即人性的话,这个问题就会变成“人性可不可能向善”。大家知道,在思想史上,人性善恶的问题,哲学家们也是争论不休,莫衷一是。有人说人性本善,有人说人性本恶,有人说人性一半善一半恶。到了后现代主义兴起,一些人认为根本没有一个什么人性,意思是人与人是不一样的,没有什么大家都一样的所谓人性,不管它是善是恶。那么,有的人善,有的人恶,有的善多一点,有的恶多一点,有的坏人变好人,有的好人变坏人,不一而足,因此并没有人人都适用的办法来“治”人。

仔细考察,你会发现人性善恶问题与人类向善问题是有差别的。你可能是恶的,也可能是善的,但是现在的问题是:你可不可能向善,变得更善良呢?显然,如果你坚持人性不变,这个问题你就会给出否定的回答。因此,你想要人性向善,首要就要相信人性是可以改变的、可以被改造的,显然这在某种意义上就是要相信:没有什么万世不易的人性,人性是历史变化的。

我个人恰恰相信:第一,人性不定,是不断在发生变化的;第二,人性是可以被改造的,但是这极其困难。因此,我认为,“AI 向善”是可能的,实现的终极方法只能是“人类向善”,当然在操作层面,“人类向善”可以是逐步的、一点一滴前进的。我并不相信某种一蹴而就的人性提升方案。

先说第一个问题:没有什么不变的人性。我用一个我命名的“露西(Lucy)隐喻”来说明我的观点。现在主流古人类学研究认为,人类起源于同一个非洲的古猿,还给她取了一个名字叫露西。

我的故事是:露西从树上下来,知道什么是人,或者她要走向何方吗?当然她不知道。也许,她只是扫视了一下身边的其他古猿,心里说了一句:我再不做猿猴了!也许,她心里还说了:我要做人!可是,她并不知道什么是人。她所决定的不过是:我不要做猴子了!

我讲这个隐喻,是要说明人类的真实状况是既不知所来、亦不知所往的。今天,我们离开猿猴已经很远很远,但仍然不知道自己将去向何方。实际上,人类从猿猴进化而来只是诸多人类诞生理论中的一种,不过是今天的主流观念而已。生物学研究有一种说法,隔绝状态下只需要四五百年就会演化出新物种。而根据当代科学观念,人类已经有百万年的历史,智人也有数万年的历史,显然人类在不断进化,如果有一个什么人性,也应该是不断变化的。

再说第二个问题:人性可以被改造,但是很困难。人性如果在变化,这种变化只能是自然选择的吗?如果是这样的话,所有有目的的人性提升都是徒劳的,我们只能听天由命、“靠天吃饭”。然而,自然选择是没有善恶指向的,没有证据表明最善者最适应环境,也没有证据表明最善良的人群在遗传上最有竞争力。于是,要想相信人类会向善,就必须相信人性是可以通过有目的的改造而提升的,我称之为“人性改造论”。

在我看来,人性改造活动在过去的人类历史上并不成功。大家知道,人性提升过去主要靠文化改造,尤其是宗教活动和教育活动。根据有文字的八千年文明史,我不否认人性有了一些变化,我们与山洞里砸碎其他人的头盖骨吸食脑髓的山顶洞人、与五胡乱华时以“两脚羊”为军粮的人有了一些区别,但是每当我看到、听到各种当代发生的骇人罪行的时候,比如“暗网”上的人口贩卖、器官贩卖的故事,便对文化提升人性的功效感到沮丧。

过去一百年中,随着现代科学技术的发展,一些人想到可不可以用科技方法对人性加以向善改造,比如大科幻作家威尔斯对使用生物学和心理学的方法提升人性就非常赞同。大家知道,最新的基因编辑技术的发展,催生了用它塑造完美人类的念头。对屡教不改的强奸犯可以进行化学阉割,对那些不诚信的家伙是不是也有类似的科学方法从身体层面施加一劳永逸地改造呢?

对此,我认为不能过于自信。首先科技方法有无改造人性的效力,并无一致的结论。其次就算此种效力存在,国家或社会的制度性人性改造,结果是人人向善,还是另一种结局呢?例如威尔斯的名著《时间机器》中展现的那样,一批人被改造为奴隶、另一批人成为生物学意义上的主人,人族最终分化为两个对立物种。我认为后一种可能性更大,因为以目前的人性状态,人类掌握改造人性科技而使之向善发展,就如同抓住自己的头发离开地面。“幸福结局”(happy ending)不是没有可能,但想不付出努力和牺牲就皆大欢喜,是不可能的。

当然,我并不否认人性可能进化,只是已知数千年的人类文明史并没有人类大幅度高尚化的明显迹象或证据,因此对人性改造论的乌托邦必须予以足够的警惕。从既有人类史看,人性进化可能会花费数十万甚至百万年的时间，而在这之前，人类很可能已经自我毁灭。但是，即便如此，人类是应该勇敢地选择尝试改善人性，还是选择坐等悲剧发生呢？这正是AI突飞猛进的时候人类必须要做出的选择。

从某种意义上说，我是一个极其悲观的乐观主义者。

“美丽新世界”

《美丽新世界》是一本创作于 1931 年的小说，闻名遐迩，影响深远，与《一九八四》《我们》并称 20 世纪反乌托邦(dystopia)三部曲。Dystopia，又译为敌托邦，是与 Utopia，(即乌托邦，理想国)相对的一个词。

作者阿道司·赫胥黎出身名门，祖父是进化论最早支持者之一、人称“达尔文斗犬”的托马斯·赫胥黎。严复的《天演论》，一部分译自他祖父《进化论与伦理学》一书，还有一部分是严复自己的发挥。阿道司·赫胥黎留下大量的小说、散文、游记和剧本，《美丽新世界》是其中最有名的一本。

这本小说以科幻的形式，描绘了赫胥黎想象的福特纪元 632 年时人类社会的景象，即标题所谓的“美丽新世界”。“福特纪元”是以亨利·福特命名的纪元，他是福特汽车公司的创始人，以在汽车行业推行流水线和科学管理而著称。福特出生于 1863 年，1908 年福特公司生产出第一辆著名的福特 T 型车，福特纪元就是以这个时间点起算的，福特纪元 632 年处于公元第 26 世纪。

在美丽新世界中，福特成为准宗教偶像，受到世人的赞美和称颂。在美丽新世界中，通过最有效的科学技术手段和社会心理工程，人类从生物学性状上被先天设计为不同等级的社会成员，完全沦为驯服的社会机器上的零件，个性与自由被彻底抹杀，文学艺术濒临毁灭。

同时,整个社会运用先进科技进行高效生产,消除了家庭、女性胎生以及任何过于亲密的感情关系,变得异常稳定、安全、高效和富裕,人们过着健康、清洁、快乐和纵欲的日常生活。

在文明世界之外,还残存着小片的、被隔绝开来的野人保留区,在其中,印第安人、混血儿仍然过着没有现代科学技术的原始野蛮生活。这是一个二元对立的世界,要么文明,要么野蛮,没有其他选择。

故事的主线是:文明世界的伯纳德行为与众不同,他的领导托马斯主任打算对他实施惩戒,将他流放到偏僻的地方。为了不遭此厄运,伯纳德在与莱妮娜一同去野人保留区度假时,偷偷接回了主任几十年前在那失踪的女友琳达和他俩的儿子野人约翰。于是,主任因为这个丑闻辞职,伯纳德因此事成为伦敦上流社会的宠儿,越来越膨胀和自大。

琳达和野人约翰并没有很好地融入文明社会:琳达每天沉迷于致幻剂苏摩,很快就死去;而野人约翰在保留区出生和长大,完全不能理解文明世界的一切,如随意的男女关系、制度性服用苏摩等,因而与他人发生冲突和斗殴。最后,野人约翰想隐居在偏僻的灯塔上,却招来了猎奇的记者和围观的吃瓜群众,不胜其烦,上吊了事。

《美丽新世界》可以从很多不同的角度来解读,研究它的论文也很多。作为科技哲学的研究者,我所关心的问题是:科学技术与社会控制。在社会操控,包括肉体规训和思想洗脑中,科学技术真的有《美丽新世界》幻想的那么大的威力吗?科学技术必然成为统治阶级控制普通民众的工具吗?科学技术必然是极权的朋友,民主、自由、个性和文艺的敌人吗?敌托邦的科幻文艺为何会在今天的好莱坞大行其道呢?

科技在新世界做了什么?

显然,美丽新世界的整个运行是以科学技术为基础和支撑的,尤其是在政治和公共治理领域。以科学原理和技术方法来治理社会、由专家来掌握政治权力的社会制度,我称之为技术治理制度,简称技治制,与民主制、精英制这些词是并列的。技治制有很多不同的模式,可以实施很多不同的战略措施,比如计划系统、操作研究、社会测量、智库体系、科学管理、科学行政,等等。

《美丽新世界》中主要想象的是生理学、医学、化学、心理学、精神病学等知识在极权操控方面的可能性。我称之为极权主义的生化治理。今天非常流行的智能革命研究中,很多人关注物联网、大数据、云计算和 AI 技术等智能技术运用于公共治理的负面效应,属于我所说的智能治理问题。智能治理和生化治理,都属于新技术治理的可能措施之一。

在美丽新世界中,生化治理与极权统治完全结合起来,几乎可以等同。在这样一个世界中,科技为维护极权统治做了些什么呢?

(1) 以优生学和生殖科技制造社会成员先天的生物性状差异,用先天生物性状等级制为后天社会等级制辩护。所有人都是瓶生的,按照孕育的程序不同分为阿尔法、贝塔、伽马、德尔塔、艾普西龙等不同等级。人们生来在智力、长相和才能方面就很不同。大家知道,不少人相信从先天等级到社会等级之间的过渡是很自然的,如此才有种族歧视、女性歧视、同性恋歧视以及残疾歧视连绵不绝。

(2) 用生理学、心理学的方法,如条件反射、睡眠教育等,对婴幼儿时期的社会成员进行意识形态塑造。在你小时候,你一看电视,就电击你,可以形成条件反射,导致你长大后一看到电视就厌恶。睡眠教育是你睡着的时候,用话筒小声在你耳边唠叨。这种塑造不是简单的说教,既包括改造身体及其行为的规训,也包括思想和认知的洗脑——按照中国人的说法,“既要杀人也要诛心”。对付思想异端,不仅施加心灵的痛苦,还要施加身体的痛苦。

(3) 用传媒技术、无意识传播等,将艺术和娱乐异化为情绪和思想控制工具。人人都爱艺术,它是解放的力量,也可以成为压迫的工具。在美丽新世界中,用音乐进行情绪控制,用感官电影完成爱欲消解,用大型的“团结仪式“增强集体意识。大家唱的歌、学的诗,全是歌颂福特的,歌颂美丽新世界的,全是“我很快乐”“我很开心”之类。

(4) 运用药物和精神分析方法,对所有社会成员实施精神病学的控制。所有不淡定情绪都被视为潜在的威胁——不喜欢的东西不是反驳,而是简单地抹去——全部从政治领域移除,归结到疾病之中,需要服药,包括仅仅是有些沮丧。最突出的是苏摩,人人配给,天天发放。这是一种神奇的致幻剂,不管是心情不好,还是有些激动,一粒下肚,马上忘却世间烦恼,精神进入天堂仙境,比虚拟现实(VR)还管用。

(5) 对社会实施全面控制成为科学研究的全部任务,其他研究被以威胁社会稳定为由禁止。正如中国古代将类似研究称为“帝王学”,赋予其“高精尖”但总有些阴毒神秘的形象,新世界恬不知耻地宣布不是真理而是控制,才是科学真正的目标。这已经不是追求真理的科学,而是沦为帮凶的科学。

1958 年,赫胥黎又写了一本名为《重返美丽新世界》的小册子,骄傲地宣称:《美丽新世界》中的预言正在比之前以为的实现得更快,尤其是科学技术的极权主义的治理应用,简直已经呼之欲出了。

科技能完全操控人吗?

相比《重返美丽新世界》,时间又过去了60年,赫胥黎的预见成真了吗?科技真的完全操控人类了吗?

按照我的理论,对人的操控的技术主要有两种:一是改造人的行为的规训技术,二是改造人的思想的洗脑技术。1931年的时候,赫胥黎没有预见到信息通信技术(ICT,即Information and Communication Technology)的出现及其对社会治理的重大影响,因而没有讨论运用互联网、物联网、大数据、云计算和人工智能(AI)等进行极权主义技术治理的悲观主义后果。他讨论的主要是生理学、医学、化学、心理学、精神病学等知识在极权操控方面的可能性。

实际上,智能技术操控与生化技术操控是有差别的,前者主要着力于监视与控制,重点是规训,后者则主要着力于分级与情绪,重点是洗脑。智能治理要形成无处不在的监视,在此基础上对违规违法行为进行即时审判和惩罚,这在智能革命的未来愿景当中很容易做到,并且可以完全交给AI来完成。它重点是改造你的身体和行为,不直接触碰你的思想。生化治理要区别不同生理、心理的人群,进行有针对性地管理人的观念,尤其是直观表现出来的情绪。随着最新的生物工程、基因修饰、人体增强等技术的发展,生化治理的控制能力变得越来越大。当然,智能技术操控和生化技术操控都是规训和洗脑“双修”的,这里讲的是两者有所侧重。

实际上,规训与洗脑,古已有之。如果社会治理不局限于制度设计的层面,而是要深入到人的个体或群体,很容易想到控制人的这两种技术。

现在也有很多这样的“东西”,并非都是国家实施的。比如流行的成功学和“心灵鸡汤”,归根结底就是两句话:第一,只要忠于单位、忘我工作、进取创造,你就会成功;第二,如果处境不妙,肯定是你的问题,要反省和自律。这就是一种洗脑术。你想一想,怎么可能人人成功?贩卖成功学的人自己成功了吗?

成功哲学不过是清教主义世俗化过程中与资本家控制老百姓的念头相结合的低端思想产品。这种老掉牙的想法,在西方流行的时间是工业革命和电力革命时期,我们只是比别人晚了一百多年而已。日本在“二战”之后经济复苏的60、70年代也是成功学兴盛,比如我们小时候看的电视剧《阿信》。

至于大规模的规训,尤其是用心理学、精神病学方式控制社会成员,在西方更是很普遍了,也因此很多人批评西方发达国家已经精神病学化。著名的奥斯卡获奖电影《飞跃疯人院》(*One Flew Over the Cuckoos' Nest*)说的就是这个问题。总之,智能操控和生化操控虽然形式新,但想要达到的规训和洗脑的目的却不是什么新鲜的事情。

拜好莱坞科幻文艺所赐,以《美丽新世界》为代表,科学洗脑在公众中已经成为流行的传奇故事,比如LSD(麦角酸酰二乙胺)、东莨菪碱、春极草、吐真剂、电击健忘法、潜意识讯息灌输、宗教负罪感激发以及傅满洲的神奇催眠术,在文艺影视作品中颇受欢迎,但实际上都是不靠谱的文学影视虚构,一半是因为恐惧,一半是因为猎奇。傅满洲是西方通俗文艺中著名邪恶反派,是“黄祸论”(Yellow Peril)——即西方人对中国人的恐惧论调——的拟人化人物。还有什么巴甫洛夫提出条件反射理论之后,列宁欣喜若狂,把他接到克里姆林宫讨论如何用这个技术把人治得像狗一样驯服之类的八卦,都是捏造的。

按照斯垂特菲尔德的说法,“神奇而科学的洗脑并不存在”。不是说药物、电击、拷打、催眠等手段没有在现实中实施过,也不是说这些手段没有任何效果。传说中的美国中情局、苏联克格勃、英国中情六处各种洗脑利器,的确在冷战时期有过尝试,但根本就没有正式地成规模应用。为什么呢?科技手段并没有什么神奇的洗脑效果。很容易用此类手段造成某人的心理、人格、信仰崩溃,乃至精神分裂——其实不一定使用科技手段,仅仅是简单的恐吓、拷打也能做到这一点——但是,崩溃之后想要被害人按照你的意愿重建其心灵、人格和信仰,基本上没有有效的科学技术方法。可能存在个别案例,但完全没有可重复的检验证据。

至于规训的效果,也就是用科学技术方法改造人的行为,也并非如敌托邦科幻文艺想象得那么简单。比如智能技术操控,可以随时监视人的一举一动,可以对行为违规的人立刻实行机器人惩戒,好像可以把整个社会完全变成电子圆形监狱(electronic panopticon)。

实际上,没有那么简单,因为你可以技术地治理我,我也可以技术地反抗你,在理论上我称之为“技术反治理”,如技术怠工(technical sabotage)。这种技术反治理在实践中很丰富,很多人都研究过这个问题。“二战”时候,美国政府还专门组织专家编写怠工手册,教那些被纳粹德国占领地区的人们如何科学地“磨洋工”,纳粹还拿你没有办法。后来,管理专家担心这样的技术现在成了针对现政府的“磨洋工“技术。它们都是人民群众智慧的结晶,在历史上源远流长,蔚为大观,不过学界对此缺乏理论总结,认为很低级。按照福柯的说法,这些知识叫作“被压迫的知识。”

为什么科学技术不能完全而有效地规训呢?我以为,从根本上就不存在一个作为科学操控对象的人—主体—人性存在。洗脑假定存在稳定的人心—思想,规训假定存在稳定的身体—习惯,这是有问题的预设。人的信仰、思想、意志、情感和欲望,本质上乃是一段乍起旋灭的历史或时间——不管作为类,还是作为个体,都是如此。人是一个秘密,并没有一个本质的东西,或一个趋向的目标。人或人类,均是未完成的创造。这就像我所说的人类始祖的“露西隐喻”:她从树上下来,只知道不要做猴子了,并不知道人是什么?作为一个隐喻,今天我们面对的情况和露西没有区别。

科技必然是极权帮凶吗?

这个问题《美丽新世界》有直接的回答:赫胥黎并没有认为科学必然就是极权的帮凶,而是被异化的真正革命者。借主宰者之口,他说:“与幸福不相兼容的事情不只是艺术,还有科学。科学是危险的,我们必须非常小心地给它套上笼头和缰绳。”他还说:“我对真理很感兴趣,我喜欢科学,但真理是一个威胁,科学曾经造福人群,但对于公众来说,它也是一个危险。”“我们只允许科学去处理当前最迫切的问题。其他研究一律禁止。”也就是说,科学技术不必然为权力服务,但是在极权主义社会中,科学技术被统治阶级控制、阉割和异化,使之成为极权帮凶。

按照马克思的说法,科技本质上是革命性的力量,它推动着人类的进步,但是在阶级社会却被统治阶级利用,为权力者的统治服务,而被统治阶级也可以利用科技谋求自身的解放。比如说,一方面电子监控确实可以作为极权利器,但是同时网络民主、网络监督和信息披露也很常见。

客观公正地看,不能说生化治理、智能治理一无是处,要完全取消。实际上,完全取消也不可能,它们已经在现实生活中发生,而且发挥着很强的正面功效。比如智能红绿灯,不再固定变化时间,而是通过摄像自行决定红绿灯时间的长短。在机场、监狱等公共场所的智能安保,起到了很好地保护人民群众的作用。各个高校建立的心理咨询和心理辅导机构,帮助了很多学生走出心理问题。抗抑郁药物的发明,挽救了多少抑郁症患者的生命。

最近,我专门研究了通过聚合技术增加人的智力的做法,认为它也是利弊互现的,关键在于我们如何应对,如何设计制度。因此,要避免的是极权主义的生化操控和智能操控,而不是所有的生化治理和智能治理措施。

这一点却被流行的好莱坞敌托邦科幻文艺所忽视。为什么呢?今日的西方人文思想世界,将科学技术作为“替罪羊”、作为万恶之源已经成为流行的套路。在我看来,这的确是为发达资本主义和国家资本主义辩护的好方式,即将人们的愤怒目标推向科学技术,而不是社会制度本身。

在敌托邦文艺中,科学技术被描述为民主、自由和个性的敌人。实际上,美国科幻文艺并非一开始就是以敌托邦为主流的,之前科学和民主是美国社会的主旋律,大家都认为两者并行不悖,科学有利于民主,民主能够推动科学。两次世界大战,尤其是原子弹爆炸的惨状改变了这种看法,对科学技术的批评在人文精英中开始流行。而好莱坞科幻文艺中敌托邦盛行,我觉得主要是因为商业原因:这种灾难、恐怖和悲惨的想象更有票房。即便如此,普通老百姓大多数对科学技术并非是持和文人一样的看法。

还有一个“科学技术灭绝文艺”的想法,基本上不值得一驳。科幻文艺盛行、电子音乐、3D4D电影以及工业商品设计美学化,这些都驳斥“科学技术灭绝文艺”的想法。

在欧美发达国家之外,其他国家比如中国、苏联的科幻文艺,对科学技术的态度就正面得多。苏联科幻小说主流是把科学看作解放的工具,比如有小说写苏联红军坐火箭上了火星,解放了火星人。也正因为如此,在冷战中,西方科学洗脑故事中的丑角往往是苏联、中国和朝鲜人,比如前面提到的傅满洲博士。这种故事要说的是,敌人必须是残忍无下限的。所以,科学洗脑故事流行乃是一种非科学的洗脑。

未来社会自由之路何在?

我并不是否认科学技术在现实生活中有被极权用来操控社会成员的情况,而是说:(1) 科技控制并不是人们想的那么有效,那么无处不在;(2) 科技在被用于操控的同时,也可以被用来反抗极权;(3) 压迫人的不是科技,而是科技背后的人,是科技背后的极权。所以,未来社会自由之路并不必然是反对科技之路,科学技术并不必然是民主、自由的敌人,当然科学技术也不必然就是民主、自由的支持者。

防范未来社会极权主义的技术治理的关键在于社会制度本身,这在本质上是一个政治问题,而不是科技问题。对于科学技术可能在现实中被用于极权控制的情况,当然要反对,更重要的是想法改变,要加以细致的研究——不能在倒脏水的同时把洗澡的孩子一起倒掉了。

显然,人类社会要奔向美好未来不能没有科学技术做支撑。科学技术极大提高了生产力,为人类走向更加美好的生活提供了必要的物质基础。对于大多数人来说,最大的不自由是经济不自由,在经济自由基础上才能追求其他的自由。比如说,现在 AI 机器人技术在迅猛发展,有一天可以代替人类完成绝大多数体力劳动和很大一部分脑力劳动,这样人类就可以有更多的闲暇追求自由、艺术、科学和文化。对不对?有人担心 AI 导致失业,这正好说明了不是 AI 科技不好,而是社会分配制度有问题。是不是?

当然,必须对生化治理和智能治理进行再控制,防止它们一家独大,与极权主义勾结起来。从制度上这是可以做到的,如将技术治理置于民主制的控制之下,把它作为某种实现效率的有限工具,比如平衡专家权力,将他们的权力限制在政治权力中的建议权中,等等。总之,我们有很多办法,用其所长而避其所短。

历史的发展表明:未来社会并非如《美丽新世界》预测的,要么是极权主义技治社会,要么是野蛮人的保留区,我们有很多其他的路可以选择。

在《美丽新世界》中,赫胥黎重头描写了莱妮娜与野人约翰的爱情。一般说来,科学敌托邦小说、反科学文艺偏爱爱情解放论,也就是说,在其中,爱情被寄予厚望,被赋予革命的意义,可以成为牢固的专制大厦最初的裂纹。《一九八四》和《我们》也是如此。这大约是将爱情视为人类非理性行为的典型,而专制被视为理性的另一极。我认为这是很荒谬的,专制不是理性的,而是非理性的,典型的比如希特勒的第三帝国。

《美丽新世界》只是把爱情作为野人与文明世界决裂的重要导火索,并没有作为解放的出路——也就是说,光有爱情还是不够的。在《重返美丽新世界》中,赫胥黎把希望寄托在自由和自主的教育,要培养每一位公民的自由和自主的天性。这当然也有些道理,但是教育也是整个社会制度的一部分,它一般说来与其他制度是契合的,怎么可能独立出来反对社会制度的其他方面呢?

最后,我想重复一遍:不要相信科学技术操控的极权社会必然出现的极端悲观主义论调。试图把每个人完全变成机器,把整个社会变成一架大机器,其难度太大,还不如直接统治一群机器人奴隶来得容易,来得简单。

人的自由没有那么脆弱,而且人类以自由为名的罪恶,并不少于以稳定为名的罪恶。

无知的智慧，无知地行动

大导演诺兰的新片《信条》,讲的是未来人掌握了控制熵增熵减的原理,因而可以随意穿梭于时间,随意让时间向前或向后流动。属于名为“信条”的组织的一些人,各自选择从某个时间点开始,一些人时间上往前运动,一些人时间上往后运动。在整个世界将要毁灭的特定时间点上大家聚在一起,利用各自采集到的信息,破解世界在当下要被毁灭的秘密,采取化解的行动拯救世界。然后,又各自时间上前后运动,自此不再相见,还有的选择在那个时间点作为人生的终点。

电影中重复了两段台词,集中反映该片的主题:世界是混沌的,无知才是我们最大的武器。

在《信息文明的伦理基础》快结尾的时候,段伟文写道:“耐人寻味的是,智能化时代人类最需要的不再是知识论而是无知学,即人们迫切需要了解的是怎样在无知的情况下作出恰当的决策。”

我觉得,这句话提纲挈领地总结了信息时代人的命运和行动的根本特征:无知。

斯蒂格勒(Bernard Stiegler)说,人的意识就是电影。他的意思是,人的意识处理信息的方式和电影是类似的,并非简单复制,而同样要剪辑、蒙太奇、美图、增强、删除,总之要做后期处理。我们的大脑就是后期处理中心。

意识流是时间流,电影也“固”定一段时间流。于是,看电影的时候,你的意识流被拉入电影的时间流中,产生各种“延异”(德里达的术语)的时间湍流。

想一想,一个20岁的女星扮演自己60岁的时候回忆自己20岁的时候会如何感慨?这个女星真的到了60岁的时候翻出这段电影,想想美人迟暮,肯定泪流满面。

作为台下的观众,我们看着影片,究竟应该出现在哪一段时间流中呢?

斯蒂格勒说,技术是毒药。我看,时间才是毒药。

对于信息文明,我们真的能知道什么吗?有没有什么信息文明的伦理基础呢?有没有什么在此基础上的人工智能的伦理智慧来分享呢?有位伦理学著名教授评论说:我一直不太明白什么是伦理智慧。为什么?智慧意味着可以这样,也可以那样,只要能成功,就可以聪明、灵活地处理。我回答说:看样子要提倡的是伦理不智慧。他总结说:智慧的是科技,伦理不智慧。

想一想吧:世界就在这里,或者不在这里,或者既在这里,又不在这里。我们真的能知道什么吗?但是,不知道什么,我们不是仍然可以行动吗?为什么我们要追求智慧,反对无知呢?

时间是毒药。

这便是诺兰的信条,而他的解药便是无知。

电影《信条》并不想说什么物理学定律,也不想让你烧脑。诺兰没有拟定合逻辑的电影情节,只是端上一盘时间碎片。越是费心思将它们拼凑在一起,越是偏离电影想要传达的东西。

如果电影意味着连续的时间流,那《信条》不是一部电影。它不想同化你的某一段意识流，它想的是把你搞乱，把你从大脑后期处理的连续单向时间流中拽出来。

《信条》是信息文明时间湍流的完美传达。

在某种意义上说，知识面向的是过去：当某人、某物或某事成其之所是，才能谈论知道它们的“什么”。比如评论曹操是“枭雄”，或者认定地球上的重力加速度是9.8米/秒^2，必须以过去的经验为基础。

一旦转向未来，无知就会包围着我们。所有对未来的想法都是从过去推断未来，其中关键在于：未来与过去仍旧相同，或者说，世界是规则的。但是，规则律是一种形而上学的信仰，无法得到科学证明，比如9.8米/秒^{2}的重力加速度在未来可能变化。万有引力定律的非时间性，严格地说也不能完全确定，世界演化到新阶段时它存在崩溃的可能性。

当人们欢呼信息社会到来，绝大多数人没有意识到自己迎接的是一个全新的“无知文明”。1946年第一台电子计算机问世，1969年作为互联网基础的“阿帕网”建成，之后赛博空间和电子信息暴涨。表面上，我们知晓很多闻所未闻的“奇怪”知识，却发现它们对我们如何行动或选择，并没有多少实质性的帮助。到智能革命方兴未艾之时，人类手足无措的处境已更加凸显：我们甚至不知道机器人会不会灭绝人类，同时又被技术—资本的强大逻辑推动着向“无知之境”狂奔。

无知意味着时间的湍流、漩涡和激荡。这才是我们身处其中的世界之真相。

信息不等于智慧，而是意味着无知。这便是信息文明的最深刻本质。

芝诺是古希腊著名的智者，知识渊博。一天，有个学生问他：您的知识多过我们何止千万倍,您解答问题总是令人信服,可是为什么您的疑问也多过我们千万倍啊?

芝诺用手在桌上画了一大一小两个圆圈,对学生说:你看,大圆圈代表我掌握的知识,小圆圈代表你们掌握的知识。这两个圆圈外面,是我们都不知道的知识。的确,我的知识比你们要多。我的圆圈大,接触到无知的范围就比你们多;你们的圆圈小,接触到无知的范围就比我少。这就是我常常有疑问、常常怀疑自己的原因。

越多的知识意味着更大的无知。这不仅是一个谦逊的问题,而是行动边界的问题。你想一想,漫长的边境线会不会让你面对更多的敌人和更多的危险呢?

实际上,不光 AI 技术,其他新科技如纳米科技、基因工程和人体增强等,都带有强烈的未知性。为什么呢?以往知识的目标是解释和理解过去,用来"知道"什么;现在知识的目标是预测和控制未来,用来"治理"什么。当代新科技使得整个社会日益深度科技化,正如工业革命以来不能容忍作为荒野的自然,人类今日不再能容忍偶然和无规律的社会。显然,消除对社会的未知,最好的办法是设计和规划社会,包括设计和规划组成社会的每一个个体。

吊诡的是,对无知的痛恨没有消灭它,相反使得无知疯长。从本质上讲,信息文明试图建构敏锐而有力的社会神经系统,智能文明试图在此基础上加上强大的反馈运动系统。旧时代的知识世界是理想化的世界,人类满足于在概念中应付世界;而新时代的无知世界是真实的世界,人类用大数据、全数据、长数据来替换物理世界。结果却如苏格拉底早已指出的:知道得越多,必定未知更多。

"无知的世界"便是《信息文明的伦理基础》尝试仔细描述的、我们身处其中的当代社会历史境遇，亦可称之为“数字幻术”的世界：“数据对人的行为的绝对理解是一种永远不可能实现的幻术，巨量的大数据实验所捕捉到的不是鲜活的人类生活，而是由数据废气构造的世界的僵尸版本。”

有一次，有人来到德尔斐神庙，问阿波罗神：“谁是世上最有智慧的人？”神谕说是苏格拉底。从此，苏格拉底是世上最有智慧的人的说法就传开了。

苏格拉底对此很不解，因为他常常觉得自己什么都不懂。于是，苏格拉底四处验证，访问了许多被称为“智者”的人，结果发现名气最大的智者恰好是最愚蠢的。然后，他访问了许多诗人，发现诗人们不是凭借智慧，而是凭借灵感写作。接着，他又访问了许多能工巧匠，发现他们的手艺淹没了他们的智慧。

最后，苏格拉底终于明白：阿波罗神之所以说他是最有智慧的，不过是因为他知道自己无知；别的人也同样无知，但是他们连这一点都认识不到，总以为自己很智慧。换句话说，苏格拉底自知其无知，这就是最大的智慧，而不知自己无知是最大的愚蠢。

在苏格拉底这里，不是知识而是无知驱动行动，知识导致的是愚蠢。他要把知识与智慧、无知与愚蠢两个“对子”打散，重新来排列组合。多么意味深长！

无知的智慧是什么？无知的行动要如何？无知的智慧乃是行动，而无知地行动如段伟文所言是缠斗。缠斗不是敌对。以信息平等为核心的网络伦理秩序，总是充斥着权力实践和反权力的挑战，权力与反权力不可根除，无时无刻不弥散于“赛博空间”的每一个角落。缠斗的双方并非敌人，而是争胜的对手，一边缠斗又一边承认大家属于共同的“赛博联合体”。

在我看来，缠斗是介于过去与未来、已知与未知之间的“当下”的必然选择。活在当下，乃是活在“半懂不懂”或者“不懂装懂”之中。我们转向未来，但无知学尚未建立，只能是适度地有节制地缠斗：既不甘于过去拘泥现状，又不愿意未来陷入残忍甚至毁灭。所以，缠斗本质上是一种审慎生活或生存之创造。

再想一想诺兰的电影《信条》。先死后生，先生后死，或者死而复生，究竟有什么区别呢？如果你出现在某一个世界的某一段时间线中——原谅我还是用牛顿的语言描述——如果你不曾缠斗，不曾创造什么，那你不曾真正地活过。或者说，你根本未曾来过。

只有缠斗，才能让你抵近网络空间创造的边界。

记住老祖宗说的话。

孔子说过：“知之为知之，不知为不知，是知也。”

老子说过：“知不知，尚矣；不知知，病矣。”

二

技—艺的未来

伯纳德·斯蒂格勒

乔治・奥威尔和他的名著《一九八四》

技术、艺术与哲学的“恩怨情仇”

技术反叛,哲学何为?

诸位,我们生活的时代,与其说是科学时代,不如说是技术时代。

为什么呢?在古代,科学与技术分属两个平行的传统,科学属于求真的贵族传统,而技术属于谋生的工匠传统。到19世纪,科学与技术逐渐靠拢,技术被视为科学的应用。

从此,因为科学的“提携”,技术不再被视为低贱的“奇技淫巧”。21世纪之交,这种情况发生变化:我们如今接受科学,更多是因为它能够帮助人们,实现造福社会的技术目标。纯粹求真的高贵科学,被认为不过是一种“神话”。

一些人开始认为,科学的本性是技术的,而不是相反。

大家想一想,为社会谋福利的技术,有什么不好吗?今天技术不再需要“蹭”高贵、“装”高贵,从“真理的阴影”下挣脱出来,我称之为“技术的反叛”。

技术的反叛催生技术时代。技术时代到来,改变哲学的基本面貌。为什么?因为哲学自诩为时代精神的结晶,如果它不能理解技术时代,还谈什么“时代精神”呢?

今日之哲学,半数以上的议题,最有活力的部分,直接都与技术相关。而不直接相关的部分,也不能不考虑技术时代的大背景。

理想中的技术时代,可以成为解放的时代,成为平民的时代:类似快手之类的短视频平台,让不可见的边远乡村可见,让几近消失的民间文化受到关注,让难以发声的弱势群体发出声音,简捷而便宜,拜技术之所赐。

现实中的技术时代,可能成为规训的时代,成为权贵的时代:巨无霸高科技公司垄断扩张,随处可见的电子监控、人脸识别,精准而严厉,技术与权力勾连在一起。

在理想与现实之间,我们要问一问:技术时代,哲学何为?

哲学是批判性反思的力量。面对技术时代,哲学应该摆出何种姿态,又能有何种作为?

无论如何,哲学再也不能无视技术时代的来临,像鸵鸟一样把头埋在旧书堆之中。

技术崛起,艺术何为?

新科技对艺术的挑战,集中体现在所谓“当代艺术危机”中。

现代艺术兴起,人们的艺术观发生根本性转变,传统观念被消解,越来越多的人相信:艺术与非艺术、艺术家与非艺术家之间,并没有清晰界限,不存在所谓的艺术性。这便是“当代艺术危机”的主旨。

传统观念认为,艺术性与艺术品相连,艺术品因为艺术性而成为艺术品。艺术品是活生生的人的感性体验、人生经历和生命感悟的结晶,观众对艺术品的审美体验能够提升人的精神境界。

1917 年,法国艺术家杜尚将商店买来的小便池命名为“泉”,作为艺术品展出。小便池有何艺术性?借此行动,杜尚反对艺术性的概念。此时,艺术品等于艺术家认定的东西,无论它有无艺术性。

“泉”与其说是审美的,不如说是审丑的。杜尚希望用“泉”,把目光引向艺术品背后的权力机制。艺术品并非纯粹用于审美,还有道德教化、社会控制、引导消费等其他功能。

2000 年,巴西艺术家卡茨让法国生物学家运用基因编辑技术,将绿色荧光水母基因植入兔子体内,“制造”出发绿光的兔子阿巴(Alba),作为艺术品宣传和展览。

阿巴由科学家动手改造,卡茨只出了个点子,起了个名字。此时,科学家似乎成为艺术家。是不是?

很多计算机艺术品是互动型艺术品,需要观众来参与。如此艺术品,没有观众就完成不了,于是人人都成了艺术家。

有些 AI 艺术品,如 AI 作曲、作画,不需要人的参与。此时,艺术创作可以不需要人,人只作观众就好了。

“无人艺术”是艺术吗?计算机写首诗,不告诉你是计算机写的,你觉得很好,告诉了你这是计算机写的,你还会觉得很好吗?诗应该是诗人的心血的结晶,对不对?计算机经历人生了吗?没有。

总之,在“当代艺术危机”中,到处有新科技的影子。

艺术品用于审美之外的其他功能,当代科技是功能实现的基本支撑。比如消费主义,没有科技制造大量消费品,消费主义维持不下去。

人人成为艺术家,要凭借科技发明各种“傻瓜化”的新方法。比如摄影,有了单反,大家都成了摄影师。

哲学家为何青睐艺术?

不少谈论技术问题的哲学家,也喜欢谈论文艺问题。这种风尚在当代法国思想家中尤为常见,斯蒂格勒便是典型。

和很多文化一样,法兰西传统长期是“技—艺不分”。语言上,法语长期技艺不分。职业上,艺术家和工匠常常重合。到了现代,艺术逐渐与技术相分离,艺术高贵的观念才逐渐形成。

在法国人看来,艺术品不都在卢浮宫中,更为常见的是建筑、机器、家具、装潢、服装和园艺等工业艺术品。

于是,法国思想家常常将技术与艺术放一块来谈论。斯蒂格勒认为,舞蹈、唱歌、画画、雕塑等,都属于技术,而且是最高级的技术形式,称之为“记忆术”。所谓记忆术,指的是专门保存人类记忆的技术。

他还认为,记忆术在当代技术—工业系统中扮演关键性角色,是当代技术体系的主导技术。一个国家记忆术越发达,才越可能在全球“商业战”“信息战”和“思想战”中胜出。

因此,斯蒂格勒青睐艺术的第一个原因在于:作为特殊的技术形式,艺术在当代社会运行中非常重要。

艺术的特殊性和重要性,决定了各种社会力量尤其是资本处心积虑要利用、控制和俘虏艺术,使之为消费主义和消费社会服务。这意味着艺术的异化。

当数字化和信息化时代来临,艺术异化终于酿成“当代艺术的危机”:艺术成为社会控制术,纯粹审美经验衰落。

由于艺术同时是记忆术,因而当代艺术危机也是当代技术的危机。

在斯蒂格勒看来,我们的社会是艺术的“贫民窟”(ghetto),完全成为类似“蚁丘”(anthill)的蚂蚁社会,

因此,他青睐艺术的第二个原因在于:深挖当代艺术危机的意涵,是批判发达资本主义社会的最佳切入点。

艺术能否“解放”我们?

有意思的是,斯蒂格勒仍然把解放的希望寄托于艺术和艺术家的身上,这是他青睐艺术的第三个原因。

他认为,当代艺术必须摆脱作为社会控制术的命运,走上批判资本主义的道路。如此,我们才有解放的可能。

在解放的道路上,艺术家责任重大,不仅要生产艺术品,更重要的是创造新的生活样式,激发人们的审美状态。

人人都要参与艺术活动,人人都成为艺术家,或者成为“骨灰级”的业余爱好者。新技术尤其是数码技术,可以帮助普通人成为艺术家。

艺术要政治化,艺术家要用艺术活动来批判消费社会,反抗艺术的异化。

反对艺术异化,对于斯蒂格勒而言,同时意味着抵抗美国文化入侵。他认为,美国文化是艺术危机的典型。

斯蒂格勒的解放方案,属于二战后在西方非常流行的“美学革命”路线,即放弃社会改造而寄希望于个人美学修养的提升。

1968 年法国“五月风暴”的精神领袖马尔库塞,先是力主培养“性

本能彻底解放的人”，后来转向艺术，希望艺术能激励人们的革命精神。

法国哲学家福柯提出“生存美学”，要求哲学家做出表率，把生活过成一件独特“风格”(style)的艺术品，以此反对社会的规训。

大家想一想，“美学革命”是否可行？艺术能否“解放”我们？“美学革命”不再指望救世主降临，而是转向个人的精神生活；不再指望一劳永逸的暴力革命，而是转向日常生活中的不断前进。

然而，在现实生活中，面对“996”和老板赐予的“福报”，“打工人”有时间、精力和金钱进行美学“修炼”吗？

感性、不羁和浮华的艺术家们就算能不为金钱折腰，真的有能力为其他人指明道路，或做出表率吗？

单个人的精神解放，不触及制度改造，最终能打败消费主义吗？

美学经验的极致追求，不是常常沉沦于感官、色情和纵欲的虚无，或者暴力、偷窥和歇斯底里的变态吗？如何引导它走在正确的方向上呢？

对于当代艺术危机，我们有太多的问题需要思考。

《一九八四》：爱情能否让我们解放

奥威尔的科幻名著《一九八四》，被称为“20 世纪反乌托邦三部曲之一”，在西方社会可以说是妇孺皆知，在中国也属于文艺青年的必备读物。实际上，《一九八四》也被拍成了电影，还不止一次，至少有 1956 年、1984 年和 2012 年三个版本。

从哲学的角度，《一九八四》可聊的东西很多，比如极权、自由、监控，等等。我这里讨论的是“科幻文艺中的爱情解放论”。

什么是科幻文艺中的爱情解放论呢？好莱坞科幻电影设想的未来大多是这样的：高度发达的科技被政府、大公司或者疯狂的科学家所控制，人们被残酷统治，甚至是生不如死。由于科技的巨大威力，国家统治像一架强大而冰冷的机器，个人看起来根本没有办法找到出路或者打败它。希望在哪里呢？在爱情那里。在科幻片中，爱情就算不能推翻专制统治，起码也是从麻木中觉醒的开始，知道日子再不能浑浑噩噩地过下去了。

你想一想，近些年流行的科幻作品，像《饥饿游戏》《西部世界》《分歧者》，等等，很多是不是这样的？比如科幻电影《阿丽塔：战斗天使》，女主角要不是男友被杀，应该不会那么发狠，单枪匹马也要摧毁撒冷城。

“20 世纪反乌托邦三部曲”——《一九八四》《美丽新世界》和《我

们》——都可以算作爱情小说,爱情是其基本故事线之一。为什么科幻电影总会指望爱情来解放我们呢?这种想法对于中国人很陌生。根据从小接受的马克思主义教育,解放要指望革命,革命动力是阶级压迫,尤其是经济压迫。简单地说,没饭吃、没衣穿,容易让人走上革命的道路。所以,历史课本上总是这样写:某朝末年,皇帝昏庸残暴,贪官污吏横行,天灾人祸,饥荒瘟疫,民不聊生,易子而食,最后百姓揭竿而起。现在你说,不让恋爱就要反,或者是原来好死不如赖活着。谈了场恋爱就反了,为什么呢?不好理解。

爱情解放论的逻辑大约是这样的:科技支撑的专制统治是太过于强调科学原理、技术方法和数量模式了,太机械、太理性,只想着怎么效率最高,怎么生产更多商品、赚更多的钱,把人当成机器零件,完全不考虑人的非理性的一面,也就是说人有情绪、有白日梦,有说走就走去西藏的文艺需求。对于极端理性,最对症的药就是非理性,而爱情就是典型的非理性症状。人们常说,爱情让人变傻,很难说得清:究竟是变傻了才谈爱的,还是谈爱了变傻的?

这种逻辑和马尔库塞革命解放爱欲的观点是类似的。马尔库塞认为,爱欲越来越被压抑,是文明不断进步的主要代价。不想做野蛮人,就得压抑爱欲,但这种压抑不能太过分,否则就会得精神病。现代社会的根本问题就是爱欲压抑太厉害,因此革命的出路在于解放人们的爱欲,消除不必要的压力,这就是马尔库塞所谓的"本能造反"。

1968 年,法国发生了著名的"五月风暴"运动,属于大学生"造反"运动,马尔库塞的《单向度的人》当时是学生的"红宝书"。在运动中,确实出现大学生白天扔燃烧瓶,和警察暴力冲突,晚上则群居吸毒、疯狂性爱的情况。这种情况在2004年上映的法国电影《梦想家》中就有很好的描绘。

爱情真的能解放我们吗?《一九八四》对爱情解放论的理解就深刻多了。

女主角裘莉亚是故意勾引男主角温斯顿的。她设计自己故意摔倒,让温斯顿来扶她,顺势偷偷塞给他一张示爱的字条。这算是勇敢追求爱情。可是,后来我们知道,裘莉亚这样干不是第一次了。她有勾引男人尤其是党员同志的爱好,在温斯顿之前干过很多次。因为“老大哥”反对男女亲密关系,尤其是迷狂的性关系,政府对爱情是万般警惕的,所以勾引男人本身就是反党的政治行动。小说里是这样说的:拥抱是一场战斗,高潮就是一次胜利。

越是压制,就越是兴奋。男女主角开始是疯狂野合,后来竟租了一间阁楼,用于约会。他们的约会除了交合,就是男主看违禁书籍,而女主呼呼大睡。这究竟是郎情妾意,还是色胆包天呢?不管怎样,都算是爱情吧。

不幸的是,房东原来是秘密警察,两人是自投罗网,一举一动被监控的“电幕”拍得清清楚楚。然后,他俩被抓,严刑拷打。其实男主也没有什么秘密,警察情况掌握得比他更清楚,但男主坚守一条底线:什么都可以招,就是不能出卖裘莉亚。他以为自己多么爱裘莉亚,这是他至死守护的心灵之光。这正是警察拷打他,要彻底摧毁他的原因。最后,男主屈服了,出卖了裘莉亚,警察就把他放了。

在一个秋叶随风飘转的萧索街头,被释放的男女主角相遇了,温斯顿抱着裘莉亚感觉像抱着死尸,他们不再想脱光对方的衣服。爱情故事的高潮出现,然后戛然而止——

> “我出卖了你,”裘莉亚若无其事地说。
>
> “我出卖了你,”温斯顿说。

爱情能解放我们吗?《一九八四》对此是否定的。奥威尔想说的是:没有解放,谈何爱情?而不是:没有爱情,何来解放?所以,可以说,《一九八四》不是爱情小说,而是反爱情小说。

今天的年轻人对爱情推崇备至,文艺青年们宣布自己是爱情至上论者,有的是实心实意的,有的是半真半假的。《一九八四》里男主看的那本禁书上说,社会分为上中下三等,上层社会追求权力,下层社会关注生存,他们一般不会相信爱情,最有可能被爱情蛊惑的是中间阶层。这话说得很有道理。你想想,在现实生活中,爱情至上论者是不是以中产阶级居多?我以为,爱情至上论已经成了成年中产阶级的情感意识形态,或者说,成年中产阶级的时尚。所以,要控制中产阶级的思想,爱情和欲望是不能回避的问题。

我不相信老大哥是完全禁欲的,相反认为《一九八四》中的核心党员肯定是淫荡之极的,同时又要求中间阶级严格禁欲。在《美丽新世界》中,主宰者要求所有人完全是纵欲的,把性与生育彻底分开,哪怕一点点节制性欲都被认为是病态的,需要吃药治疗,但是男女之间只能谈性,不能有一对一的爱恋,这种爱恋不仅被视为是病态的,更是非常危险的。为什么?性的发泄让人变得平静,但男女极端情感可能积累很强的破坏性力量。你爱她,她不爱你,可能出现纠缠、骚扰,甚至伤人、杀人的情况。总之,《一九八四》和《美丽新世界》中的专制政府都认为,爱情是危险的,会危害社会的稳定和谐。

因此,对爱与性进行社会控制,是当代社会治理的一个重要方面。今天,与爱情相关的话题无所不在,在电影、小说、综艺中,在流言和绯闻中,在每个适龄个体心中,这不是高举爱情旗帜那么简单,也是社会欲望控制措施的一部分。从这个意义上说,爱情至上论并不完全是你个人自发认可的,而是在一定程度上被社会灌输的。

技术时代语言的命运

我们的时代与其说是科学时代,不如说是技术时代。20 世纪将技术简单地视为科学之应用的观念,明显已经过时。实际上,“求真之高贵科学”的观念从未在中国占据主流,人们接受科学更多是因为它能帮助实现技术—工业的实用目标。随着科学—技术—工业—军事一体化进程的深度推进,新近兴起的“技性科学”(technoscience)观念更是很轻松地得到很多中国学者的认可。总之,21 世纪之交,“技术的反叛”正在彻底消解科学与技术之间存在的贵族科学与工匠技术的知识等级。

就技术的宽泛界定而言,语言整个可以被视为一种交流和沟通思想或信息的工具—技术。即使从技术的狭窄定义而言,语言亦包含对于它存在和演化至关重要的语言技术因素。马克思主义认为,语言起源于以工具—技术使用为标志的劳动中,不使用技术就只能是本能活动而非劳动活动,而要组织劳动就必须用语言作为交流沟通工具。也就是说,语言的确有其自然性的基础如语言器官的进化,但更重要的是其社会性,这与技术的自然性与社会性之关系是一致的。

长期以来,语言中高贵与庸俗的二分法无处不在,当技术时代全面展开,语言中“技术解放”现象同样日益彰显。在中国,文字历来高于说话和图画,甚至崇拜写过字的纸张之迷信一度盛行。说话分出雅言和俗语,中国最早的诗歌总集《诗经》区分风、雅、颂,带有明显的阶级区分意味。文字分出经史子集,同样存在高下之分,通俗小说长期难登大雅之堂。德里达批评西方传统是语音中心主义的,这与中国的情况似乎有所不同。他又区分出好的文字和坏的文字,前者是逻各斯、永恒和彼岸的文字,而后者则是延异、速朽和现世的文字。这在中文中有类似情形,同样需要语言的解放运动。

在技术时代,语言的高贵与庸俗标准正彻底消失,或者说标准将变得多元化和地方化。信息革命和智能革命方兴未艾,文字独大的力量正在急速衰微,今后将是声音、图像甚至触觉和气味的天下。在中国,人们在交流过程中开始大量使用图片、颜文字和表情包,各种有声材料和短视频沟通方式更加受到欢迎。网络语言强势冲击经典语言,成为时尚、年轻和共情的强大武器。拼写的正确与错误,现在也越来越不重要,关键是接受者能理解。人们不再羡慕某些语言能长久存留下来,而是希望自己的言说能引爆即时的关注。

经典文学作品和传统写作方式日益失去读者,而各种快速消费的网络文学作品异常火爆——问题不是人们读得越来越少,相反人们读得越来越多,不过不愿意读“高贵”的东西。从长远来看,传统意义的文学将会彻底消失,不再有“文”或“不文”的语言,只有有效或无效的语言。

即使是学术观点的表达,采用的技术手段不同,接受度也会有天壤之别,不能简单地认定:严肃思想肯定无人问津。很明显,中国的学术杂志两大趋势初露端倪:(1) 多渠道化,即在纸媒、网络、公众号、微博和音频平台、短视频平台同时发力;(2) 传媒化,即人文社科学术杂志在选题、组稿和宣传等诸方面越来越讲究时效性和关注度。与之相应,一些大学甚至开始考虑人文社科学术成果的点击量在学术评价中的作用。

古典的文字与写作的走下“神坛”,与技术对作者的攻击是紧密相连的。语言是人与人之间的交流沟通工具,而人与人之间的权力等级塑造了教化与表达的对立。有权力者声高达远,他/她的言语意味着别人的倾听和服从,而无权者的表达往往是自言自语,甚至是不能让统治者听见的腹诽。从语言的角度看,网络革命的最高目标是文化革命,即人人都能自由使用语言、平等公正交流的语言乌托邦。在其中,没有作者和读者的区分,教化与表达的不平等被抛弃。重要的不再是说什么,而是有谁愿意听你说。以前读者也想“杀死”作者,技术时代使之梦想成真。

反对英语霸权的运动亦在技术时代兴起。与英语的拼音文字不同,汉语是表意文字,天然与图像关系更为紧密。这或许是中国传统文化中美术发达而音乐不发达的重要原因。在多媒体时代,汉语将更顺应图像语言崛起的语言技术潮流,动画片《三十六个字》(1984)便是一个突出的佐证:它的动画元素全部是汉字。在学术领域,最近不少中国学者呼吁反对英语学术霸权,包括破除对英文学术杂志的迷信,以及反对唯 SCI、SSCI 的学术评价方式。平心而论,由于语言的不平等,中国文化的传播要付出更大的努力。

在中国语言内部,少数民族语言也在借助技术力量获得应有的力量。按照官方的统计,中国有 55 个汉族之外的少数民族,其中只有语言、没有文字的有 20 多个。新科技的发展,既对少数民族语言的传承造成巨大考验,又给它们的繁荣提供前所未有的机遇。对于没有文字的少数民族语言,即时的语音、视频给日益散居的民族成员学习母语提供了理想的途径。相对于汉族,少数民族往往能歌善舞,具有更鲜明的文化特征,这给更多的人关注少数民族语言和文化的传播提供有利的条件。比如,今天蒙语、藏语受到欢迎与民歌的流行有关,而东巴文字由于丽江成为“网红”旅游景点而获得不少拥趸。

显然,语言的解放运动必然遭遇权力拥有者的极力镇压。从某种意义上说,特朗普等人对 Tiktok 的打压,潜藏着对图像语言和中国语言之双重打压的意味。可以预计,今后类似的语言冲突将会越来越多。实际上,特朗普是技术时代语言解放运动的某种代表,他以“推特治国”(twitter)闻名,从新语言传播技术对传统语言传播技术的反抗中获益良多。因此,他遭到传统媒体的某种“打压”,与它们的关系始终不顺畅。

即使在推特和脸书(facebook)上,特朗普及其竞选团队也一再遭遇封禁。这生动地说明:技术时代的语言场虽然更加开放和包容,但并非理想中的语言乌托邦。或者说,语言乌托邦只能不断逼近,而不可能真正抵达。在未来的语言场中,权力斗争将持续下去,但是暴力成分在减弱,技术成分在增加。为了绕过侵犯言论自由的指责,对语言的技术治理将成为语言权力斗争的主流方式,比如以国家安全为由压制新兴的“语言体”。在很多时候,对语言的技术治理实质上是打着技术名义的伪技术治理,比如失去控制的敏感词屏蔽技术和防火墙技术,与技术治理主张的社会运行效率目标在本质上是背离的。

正如奥威尔所言,自由离不开语言自由。自由的语言与自由的技术是什么关系?在智能革命时代,语言未来的命运究竟如何?无论如何,反思语言与技术的关系,不能忽视知识与权力的重要维度,这与人类未来的命运紧密相关。

技术如何解决艺术危机

2020 年 8 月 6 日,法国技术哲学家斯蒂格勒(Bernard Stiegler)去世,引发了国内传媒的纪念行动,成为颇有影响的文化事件。斯蒂格勒之死,将人们的目光吸引到他研究的问题——可以称之为“技—艺—思之纽结”。斯蒂格勒亦是一位策展人、文艺评论人、新媒体研究者和计算机图像设计专家,力主用技术来解决艺术遭遇的“危机”。在智能革命时代,技术如何解决“艺术危机”?

斯蒂格勒之死

有美国哲学同行表示,身边的哲学家们基本上没人读过斯蒂格勒。斯蒂格勒常常被认定为技术哲学家,而大技术哲学家米切姆(Carl Mitcham)说,我知道斯蒂格勒写了很多书,可惜我读得很少,并且不确定读懂了他的意思,所以我没有什么重要评论值得说的。

法国哲学同行告诉我,斯蒂格勒在法国算是非常重要的哲学家和评论家,但影响力和顶级知识分子如巴迪欧(Alain Badiou)、拉图尔(Bruno Latour)相比还是有差距的,所以他的去世在法国反响并不是非常大。

媒体喜欢斯蒂格勒,可能是因为他早年抢过银行,可以作为“传奇哲学家”来宣传。斯蒂格勒出身普通，父亲是电子工程师，母亲是银行雇员。1968 年“五月风暴”学生运动之后，还在读高中的他就辍学了。之后，他在法国电影自由学院学做导演，却没有完成学业，接着做过“码农”，打过零工，甚至在农村放过羊。1976 年至 1978 年，他在图卢兹开餐馆和音乐酒吧，结果没挣到钱，不过与热爱爵士乐的哲学教授杰哈勒·格哈奈勒(Gérald Granel)交上朋友。1978 年至 1983 年间，斯蒂格勒因持械抢劫银行而坐牢。

据说，斯蒂格勒一连 4 次持械抢劫银行，最后才被警察当场抓获。有传言说，他一直饱受抑郁症困扰，午夜后会独自去巴黎郊外租住的小屋“修炼”，从早上 5 点到 10 点不接电话。还有传言说，他后来娶了位检察官做老婆——警察爱上罪犯的故事！

我怀疑，为了凸显“传奇”二字，媒体杜撰了一些细节。斯蒂格勒和我有过数次交往，同桌吃过不止一次饭，我还请他到中国人民大学做过讲座。在我看来，他很和蔼，长得高高瘦瘦，不爱说话，甚至感觉有些腼腆。除此之外，我并没有发现斯蒂格勒身上有超凡脱俗或者离经叛道的特殊气息。

在图卢兹的监狱中，斯蒂格勒对哲学产生兴趣，通过与格哈奈勒进行通信的方式来学习哲学。出狱后，他继续攻读硕士和博士学位，据说硕士论文得到以《后现代状况》著称的哲学家利奥塔(Jean-François Lyotard)的帮助，而博士论文导师则是解构主义哲学家德里达(Jacques Derrida)——这两位均为后现代主义哲学的领军人物，于是有人说斯蒂格勒的名声多少是沾了老师们的光。

也许，斯蒂格勒的声名主要不在哲学界，而是在传媒领域、艺术圈和文艺评论界。历来法国思想家喜欢和艺术家、文学家“混”在一起，喜欢在媒体上发表意见，斯蒂格勒更是如此。客观地说，与文艺圈子关系密切的哲学家曝光度更高。

国内学界对斯蒂格勒感兴趣，应该是与他思想左倾有关。他参加过学生造反运动，也曾加入法国共产党。后来，他觉得法共不是真正的左翼，而且法共对马克思思想的理解有问题，无法改变法国人业已颓废的精神状况，因此失去信心而退党。马克思著有《政治经济学批判》，斯蒂格勒写了本《新政治经济学批判》，可见马克思主义对他影响至深。

斯蒂格勒出生于愚人节，他的作品佶屈聱牙，我怀疑是智者故意在愚弄我等凡人。段伟文认为，其思想一言以蔽之：人类是没有前途的。斯蒂格勒说过，技术既是毒药，亦是解药，但他以为解药的并非既有技术，而是一种需要重生的"技术"。可是，转变工业—技术之基础，以避免普遍的精神性沦丧，希望何其渺茫！因此，我也认为斯蒂格勒是技术悲观主义者。

当今是哲学的"小时代"，世界范围内哲学遇冷，大哲学家举世罕有。或许，忙于消费的人们不需要思想。中国的技术哲学家们应该感谢斯蒂格勒，因为他的死让技术哲学又"火"了一把。面对不确定的技术世界，哲学可以有所作为，也应该有所作为。

艺术与哲学、技术的"共生"

不少谈论技术问题的哲学家也喜欢谈论文艺，比如海德格尔喜欢讨论诗歌和荷尔德林。此种风尚在当代法国思想家中尤为常见，福柯、鲍德里亚、德勒兹、德里达和斯蒂格勒均如此。

福柯更是提出生存美学的理论,要求哲学家做出表率,把生活作为有自己“风格”的艺术品。他问道:“艺术成了一种专业化的东西,成了那些搞艺术的专家所做的事情。为什么人的生活不能成为艺术品?为什么灯或房子可以成为艺术品,而我们的生活反而不能呢?”显然,福柯要求哲学家同时是艺术家。

斯蒂格勒同样抱怨艺术的专业化,希望艺术家成为福柯意义的哲学家,或者按照生存美学来“哲学地”生活。他认为,“何为艺术家?艺术家是个体化形象的典范——这可以理解成是心理的和集体的个体化过程。”这里的“个体化”与“风格”可谓异曲同工。

显然,两人对哲学家和艺术家的要求太高,对之寄望的责任太大。在中国,“哲学”是理性、呆板和枯燥的代名词,而“艺术”则意味着感性、不羁和浮华。然而,哲学、艺术和技术在当代法国却常常在技术哲学中交织在一起。

为什么?今天的时代无疑是技术时代——这根本无需解释,人人都能直观地感受得到。哲学自诩为时代精神的把握,先锋法国哲学家当然勤于反思高新技术问题。而思考技术问题时,他们将“技”与“艺”纠缠在一起审度。

“技—艺不分”根源于法国文化的历史传统。按照沙茨伯格(E. Schatzberg)的观点,“technik”(技艺)历史上长期在法国使用。它指的是工业艺术及其生产材料和方法,明显是混同技术与艺术的术语。百科全书运动时期,法语“technologie”(工艺学)曾经流行过一段,到19世纪末很少用了,被新的概念如“应用科学”(applied science)和“technik”所取代。类似英语中“technology”(技术)与艺术分离的“technique”(技术)直到两次世界大战之间才在法语中大规模使用。法国技术与哲学学会共同发起人塞瑞祖里(Daniel Cerezuelle)指出,尽管德国哲学家和工程师使用"technik",但术语"art"(艺术)在法国仍然很流行。斯蒂格勒指出,"我们今天所说的'艺术',在古代就是技术(tekhnè)。"总之,"技"与"艺"不分在法国有词源学上的原因。

在法国人看来,艺术并不局限于珍藏于博物馆和艺术馆的纯粹审美物,而更多是应用于建筑、机器、家具、装潢、服装和园艺等领域的实用工业美术品。埃菲尔铁塔和卢浮宫玻璃金字塔,堪称艺术与技术完美融合的典范,今天巴黎人民不但不觉得"违和",反倒引以为傲。

有意思的是,在过去几十年中,一些法国技术哲学家如西蒙栋(Gilbert Simondon)、埃吕尔(Jacques Ellul),被其他哲学同行冷落,却在艺术家、设计师和建筑师中大受欢迎。提出"巨机器"理论的美国技术哲学家芒福德(Lewis Mumford)在技术哲学发达的美国也遭受过同样的待遇。实际上,技术哲学作为哲学分支的专业地位在法国一直存在争议,很多人认为这与"技—艺不分"的文化传统有关。

今天法国技术哲学标志性人物如拉图尔和斯蒂格勒,均与艺术家的联系非常紧密,都是有名的艺术策展人。2006年起,斯蒂格勒担任蓬皮杜国家艺术和文化中心文化发展部主任,创立创新研究所(IRI)并任主任,新媒体、电影等是他最重要的研究问题,号称要用技术来解决艺术遭遇的"危机"。斯蒂格勒来中国,最早也是与美术学院和艺术机构接触的。他与中央美术学院、中国艺术研究院都有不少联系,在北京798艺术区搞过活动。总之,斯蒂格勒在文艺圈的名声明显比哲学界大。

作为高级技术形式的艺术

以斯蒂格勒为例我谈谈法国技术哲学家对“艺术危机”的看法。他所谓的“艺术危机”是什么？他又想如何解决呢？得先从他认定的技术与艺术的关系说起。

斯蒂格勒主张“泛”技术的观点：“人的行动即是技术”，舞蹈、语言、文学、诗歌、唱歌乃至政治，无一不属于技术领域。但日常生活中，人们用“技术”一词指称人类行为中不是所有人而只有优秀者才能掌握的专门技能，如声乐技术——虽然人人都会唱歌，但只有歌唱家才掌握声乐技术。而艺术则是技术的最高级形式，特定技术之化境最终升华为艺术。

斯蒂格勒对技术理解如此之“泛”，根源是他对人之本质的理解。用“爱比米修斯的过失”的故事，他隐喻其人性论：爱比米修斯（Epimetheus）负责给动物们安排技能，结果忘记给人类分配技能，所以人一开始就是被遗忘的、有缺陷的，后来普罗米修斯盗取技术和火给人，让人类能生存下去，因此，人从源头上便是依赖技术的缺陷存在，人离不开技术。技术之于人并非简单的工具，而是类似于义肢或假牙之类的代具（prothese）——没有技术就没有人，没有人就没有技术，人性就是技术性或代具性，技术代具与人的缺陷是同一个问题的两面。

简言之，人在本质上是工具制造者（homo faber）。这是在法国技术哲学家中非常流行的观点。双手灵巧的人创造出同源的技术物和艺术物，都是代具制造与运用的产物。

在斯蒂格勒看来，技术性就是时间性。动物世界没有时间，只存活于当下,而人可以借助记忆技术通向过去和未来。他提出人有三种记忆:遗传记忆、后生成记忆和后种系生成记忆。遗传记忆由遗传基因传承,后生成记忆是后天人生经历获得的,后种系生成记忆由技术保存下来。显然,第三种记忆即技术使得人超越个体生死而跻身于整个人类文明的长河之中。换言之,技术是人类时间或记忆的"固化"。

古人类学家古尔汉(André Leroi-Gourhan)认为,人类身体内部进化在石器时代已停止,只能突破内部而向外进化。斯蒂格勒认为,技术进化便是人类外在化的(exosomatic)进化形式。因此,没有技术,人类不仅不能生存,也不能进化。人类文化传承以技术为条件,技术是文化传承的物质载体。斯蒂格勒把技术进化视为人类器官进化的新阶段,将技术学称为"器官学"。

艺术属于技术中特殊的记忆术。斯蒂格勒所谓的"记忆术"是技术中专门保持人类记忆的技术,与一般所称的"传播技术"有很大的重合。远古时期的洞穴壁画和书写,记录着原始人的记忆。古代的护身符、雕刻,以及文身和结绳,后来的文字、符号,现代发明的录音机、摄影机、电影、收音机、电视机以及计算机、互联网等,均属于记忆术。

从记忆的时间性上看,斯蒂格勒区分了三个持留(retention):第一持留是即时记忆,第二持留是回忆,第三持留是技术物对人类记忆的保存。"我们所说的第三持留指的是'客观性'记忆的所有形式:电影胶片、摄影胶片、文字、油画、半身雕像,以及一切能够向我证实某个我未必亲身体验过的过去时刻的古迹或一般实物",所有的艺术品均属于第三持留。

在工业时代,艺术产业化,所有的艺术品均可复制。斯蒂格勒以杜尚的"泉"作为复制时代艺术品的开端:1917 年,杜尚在小便池上签上假名 R. Mutt 就使之成为一件艺术品。进入数字化/信息化时代,所有的艺术品都具备超复制性,这使得大规模的艺术超工业化成为可能。这就是数字艺术、AI 艺术兴起的大背景。所谓超复制性主要意味着:(1) 数据化艺术品复制不会损失任何数据;(2) 数字复制品可以随意处理和计算;(3) 不同复制艺术相互利用,融为一体;(4) 数字化复制与生物复制(生物科技与基因工程对 DNA 的复制)相结合,可复制性达到极高的自动化层次。

艺术危机与"象征的苦难"

艺术产业化意味着艺术被商业逻辑俘虏,艺术为消费主义和消费社会服务。艺术品是技术物保存的人类意识,"第三持留"使艺术可以被用来交换而商品化。在斯蒂格勒看来,艺术产业化意味着艺术衰败。

斯蒂格勒爱举泰勒主义者的例子来说明艺术为商业所俘虏:他们利用摄影记录方法(chronocyclegraph)研究工人劳动,即在被测者关节和身体其他某些部位装上小电灯泡,用摄像机拍摄工人劳动过程再进行研究,目标是提高劳动效率,实现科学管理。另一个斯蒂格勒爱提的艺术与商业结盟的隐喻是 1911 年福特第一条汽车流水线开工兴建的同时,第一个电台在好莱坞建立。

然而,"艺术危机"真正到来,从记忆术成为当代技术体系的主导技术开始。按照斯蒂格勒的观点,记忆术自古就有,但是在数字化—信息化时代才占据技术体系的主导地位,即整个技术—工业系统以记忆术为基础运转。

为什么呢？技术与社会之间一直存在冲突，但当代技术加速发展，极大地加剧了这种冲突，因此，发达资本主义社会必须想方设法让社会接受新技术，才能让消费主义经济顺利运转。而包括电影、电视、电台和数码艺术等艺术形式在内的记忆术在技术接受过程中扮演关键性角色，因为它们可以在不同观众、听众中形成共同意识，甚至塑成某种全球性共识之意识。“在文化工业的演变过程中，被销售的是意识本身。”

斯蒂格勒特别界定了一类时间性艺术，以此说明艺术在当代意识形塑中的重要作用。他认为，音乐、电影、电视和广播等是时间性的，这些作品属于时间客体。“当某一客体的时间流与以该客体为对象的意识流相互重合（例如音乐旋律），那么该客体即为‘时间客体’。”在他看来，人的意识也是时间性的意识流，与时间性艺术尤其是电影是同构的。他甚至认为，人的意识就是电影：人的意识处理信息的方式和电影是类似的，并不止于简单地接受，而同样要进行剪辑、蒙太奇、删减等“后期处理”。因此，时间客体对观众或听众的意识流影响非常大。斯蒂格勒尤其关注电影的力量，经常把今天称为“电影时代”。

无论如何，记忆术产业越发达，技术被接受程度越高，技术体系发展越快。此时，包括艺术在内的记忆术，成为资本主义技术—工业体系的核心，资本主义进入斯蒂格勒所谓的“超工业化时代（hyperindustrial era）”。

斯蒂格勒认定美国是世界技术接受竞争的优胜者。在美国，艺术和文化工业成为推销新技术产品和“美国的生活方式”的最佳工具，是技术接受和商业战的重要手段。换言之，艺术完全被异化，成为控制当代社会的权力形式，卷入全球资本主义商业战、信息战和思想战的漩涡之中。这就是斯蒂格勒所谓的“艺术的危机”。

斯蒂格勒亦将艺术危机称为“象征的苦难”(symbolic misery)。文化是象征的事业,“象征的苦难”等于当代文化的苦难,而艺术作为文化的精华,必然是苦难的主角。所以,象征的苦难是当代艺术遭受的某种“美学苦难”:(1) 美学调节压倒美学经验。后者是人的本真体验,前者以艺术为社会控制术,前者压倒后者意味着工业—技术逻辑左右象征—符号逻辑。(2) 美学调节成为社会控制最重要的手段,消费主义彻底俘获艺术,工业—技术完全征服艺术。(3) 在全球化背景下,经济竞争激化为经济战争,经济战争变成美学战争,美学战争导致“象征的苦难”。(4) 当代社会运用象征维持社会秩序,文化产业颠倒、败坏和简化象征,象征被生产过程所吸纳,象征的生产被简化为计算。(5) 象征灾难导致西方社会个体化丧失或非个体化,当代个体化被程式化(grammatization)新样式即数码化完全左右。(6) 非个体化的结果是每个人失去个性和自我,整个社会成为德勒兹所谓的控制社会,或斯蒂格勒所谓的“蚁丘”(anthill):每个人成为社会大机器中的一个零件。就纯粹审美艺术而言,当代社会已经成为艺术的沙漠,或斯蒂格勒所谓的贫民窟(ghetto)。

进一步而言,艺术危机是整个西方社会迷失方向的集中体现。在斯蒂格勒看来,技术是不确定的。新技术发展速度太快,社会抵制增加,历史主义盛行,此即斯蒂格勒所谓的“迷失方向”,有时又称之为“中断”。在迷失方向的社会中,审美体验被调节而齐一化,消费主义剥夺审美能力:审美简化为计算,行动还原为消费,欲望倒退为驱动力——最终的结果是人们行动困难。

“超工业时代”的美学革命

第二次世界大战之后,新科技革命推动社会生产力飞速发展,西方发达国家纷纷进入加尔布雷思所谓的“富裕社会”,社会物质财富极大丰富,人们陷入追求感官刺激和商品欲求的消费主义满足之中,成为丧失批判精神和创造性的“单向度的人”(马尔库塞语)。从艺术异化的角度,斯蒂格勒继承法国前辈技术哲学家的诸多相关思想,如鲍德里亚的拟像理论、居伊·德波的景观社会理论和德勒兹的欲望机器理论等,控诉消费主义社会对人的奴役,融会贯通,自成一派。

简言之,拟像理论批评大众传媒崛起,加速消费社会堕落为后现代拟像社会。拟像是无原本的东西之摹本,当代社会是幻觉与现实相混淆的仿真社会。景观社会理论认为,“世界已经被拍摄”,这使得当代社会进入影像物品生产与影像物品消费为主要活动内容的景观社会。而欲望机器理论认为,欲望的生产和编码是发达资本主义生产的关键,社会围绕欲望的压抑和解脱不断进行权力斗争。

面对奴役怎么办?可以说:批判有力,出路彷徨。当代法国哲学家不约而同都走向“美学革命”的窠臼,即放弃社会改造而把解放之希望寄托于个体精神的美学提升。作为1968年法国“五月风暴”的精神领袖马尔库塞力主“心理学革命”和“本能革命”:革命的关键是培养“新型的人”,即“性本能彻底解放的人”,后来则转向艺术,希望艺术能激励人们的革命精神。对规训技术与知识—权力激烈批评之后,福柯提出的解放方案即前述的“生存美学”,从街头斗争转向雕琢有艺术品位的生活方式。德勒兹强调的是将欲望从各种社会限制中解放出来,将自己变身为“精神分裂主体”——不是精神病患者,而是在疯狂资本主义社会中由本真欲望支配的躯体——这与马尔库塞寄希望的流浪汉、失业者和妓女等资本主义的“局外人”有共同之处。

如何解决艺术危机?斯蒂格勒选择的同样是“美学革命”的老路。他主要将希望寄托于艺术家和艺术之上:艺术必须摆脱社会控制工具的命运,走上批评“超工业”资本主义的道路——他用“超工业”一词是想说明当代社会仍然是现代社会而非后现代社会。

首先,艺术家责任重大。如前所述,斯蒂格勒要求艺术家扮演个体化推动者的角色。所谓个体化过程是“我”在“我们”中成其所是的过程,即个性化与集体潜力共同实现的过程。也就是说,艺术家不仅是生产艺术作品的人,更是有能力并且有责任创造新的个体化样式的人。艺术危机导致大众丧失个性,遗忘本真的审美的经验,非个性化意味着精神的贫困化,艺术家应该为大众创造新的生活样式做好表率,主动与大众合作,激发人们的审美状态。

其次,人人都要搞创作,都成为艺术家。斯蒂格勒自问自答:“何为作品?但凡能触发人之内心感应,具有转化为动能之潜势,皆为作品。护士和面包师也是艺术家,潜在的艺术家。他们并非时刻在舞台上,艺术家也不可能分分秒秒在搞艺术创作。”那么,人人都是艺术家,尤其人人都可以做电影导演,因为如前所述人的意识流和电影的时间流是同构的。斯蒂格勒认为,艺术创作是意外的过程,大众在创作中可以偏离常规,打开个体化的新路线,仿佛电子跃迁到新的能量轨道。

再次,大众不能仅仅做观众或听众,而是要借助数字技术成为业余爱好者。数字技术被视为“毒药”,让人上瘾而注意力无法集中,导致所有人的美学经验被齐一化而产生“精神危机”。但是,电子媒体亦可帮助普通人进行艺术创作或表演,打破业余爱好者与职业艺术家的界限,比如用手机拍摄短视频,用单反完成摄影作品,用作曲软件谱曲,等等,艺术“门槛”在数码时代不断降低。此时,按照斯蒂格勒的说法:“它(技术)既是毒药也是解药。”

此外,艺术应重新政治化。斯蒂格勒认为,政治问题是美学问题,反之亦如此。为什么?政治讨论要求与他人的共情(sympathy),才能实现大家共同生活和相互支持,超越独立性和利益冲突。政治要在个体化中求得团结状态,意味着要寻找共同的美学基础,因为在一起也意味着一起感觉。斯蒂格勒认为,亚里士多德政治学中“爱”的意思是:“政治共同体也是感觉共同体。”艺术聚焦于人的感觉,因而美学与政治学是相通的。现在的问题是感觉共同体完全被记忆术所控制,艺术世界不再讨论政治。在艺术危机中,艺术完全被非政治化,与政治和批判性脱节,只剩下技术性维度。因此,艺术政治化意味着对艺术异化的反抗。并且,关注艺术的哲学家也应该和艺术家一道思考、鼓舞和参与政治行动。

最后,艺术危机意味着文化危机,要在西方文明危机的大背景中应对艺术危机。第一,抵抗美国文化入侵。美国文化是艺术危机的典型。斯蒂格勒主张,欧洲国家扶持自己的文化,与美式消费主义文化抗衡。从某种意义上说,这是反对艺术的产业化,要恢复艺术的高贵与“灵韵”(本雅明语)。第二,恢复经济与政治的联系。斯蒂格勒认为,以记忆术为基础的当代资本主义制度,割裂政治与经济的关联,是造成象征“受难”的根源。因此,他呼吁重建一种政治、经济、科学和技术等相互纠缠的新的工业模式,即“精神经济”(spiritual economy),以阻止“超工业”文化资本主义因失去限制而自我毁灭的趋势。

“美学革命”是否可行？不可否认，“美学革命”强调每个人都发挥自己的精神力量，而不是把解放的希望寄托于“救世主”的降临。并且，它反对流血的暴力革命，主张在日常生活当中不断革命。

但是，“美学革命”将个体精神力量抬得过高。个体是社会中的个体，反抗不能不包含对社会制度进行改造，把解放的任务完全压在个人身上，是不现实的。并且，斯蒂格勒把艺术家和哲学家看得太高，赋予他们的任务太重。他们能领导社会应对资本主义的艺术危机和文化危机吗？更重要的是，“美学革命”带有明显的精英主义的味道，普通大众很难摆脱体制化的美学调节，更难完成创造性的个体化任务。此时，所谓美学“本能”的恢复容易沦为感官、色情和纵欲的虚无主义游戏。最后，“美学革命”将应对危机挑战引向个体精神层面升华和自我意识的组织调节，否定了社会变革和制度重构的价值，容易滑入保守主义心态之中。

艺术是社会中的艺术。如果一个社会病了，艺术也不能幸免。当然，治疗艺术病有利于促进社会的整体健康，但是过于强调艺术的力量，其结果只能是让艺术家背上过于沉重的“十字架”。即使如此，艺术家们的确应更多地反思自己在技术时代的历史使命，尤其要警惕被消费主义和消费社会所利用。

技—艺反思的“法国潮”

斯蒂格勒去世，媒体、艺术界和文艺研究界反响强烈，世界技术哲学界的反应却并不大。世人皆以斯蒂格勒为技术哲学家，但他并不认为自己是技术哲学家，甚至称自己为“超哲学”的。可是，他却成功地帮助技术哲学尤其是法国技术哲学吸引到更多的关注。就提升技术哲学曝光度而言，斯蒂格勒与拉图尔的贡献不相上下。然而，技术哲学界对两人的评价差别不小，他不被法国人认定为如拉图尔一般的顶级知识分子。总之，“斯蒂格勒之死”本身就是一桩意味深长的事件。

米切姆曾向美国技术哲学协会电子刊物 *Techne* 提议专刊纪念斯蒂格勒，但最后没有被接受。美国的技术哲学家乃至哲学家对斯蒂格勒的关注很少。从全球范围来看，有影响的建制性技术哲学发展主要以美国、德国、荷兰和中国为代表，而法国是否有重要的技术哲学学术共同体，很多人对此存疑。

实际上，法国学界对自己是否存在技术哲学传统，也一直是争议不断。虽然在 20 世纪 90 年代初，法国技术与哲学学会成立，但迄今为止，技术哲学并没有被法国学术界确立为公认的哲学分支。该学会的共同发起人塞瑞祖里 2017 年曾在中国人民大学讲学，与同期来访的拉图尔交流，他在演讲中坦承学会在过去的十多年里基本上处于休眠状态，最近才开始复苏。当代法国科技哲学领域的标志性人物拉图尔一般被归入科学知识社会学(SSK)传统,他的教席也设在社会学研究中心,称之为技术哲学家多少有点勉强。

然而,建制化推进的缓慢,并不代表技术问题在法国被关注得不够。法国的思想家并未忽视对技术的哲学反思,不过很难说存在专门的技术哲学研究传统,而主要是在科学史和社会学两大强有力的传统中进行的。

自笛卡尔之后,从百科全书学派、圣西门、孔德、柏格森、巴什拉、科瓦雷、康吉兰,到福柯、德勒兹、利奥塔,法国科学史传统可以说占据法国思想的半壁江山。在法兰西学院,福柯担任的是思想史讲席。他认为,在当代法国哲学中,以巴什拉、柯瓦雷和康吉兰为代表的“知识的、理性的、观念的哲学”形成了与“经验的、感觉的、主体的哲学”分庭抗礼的局面,后者的代表是萨特、梅洛-庞蒂。

法国是社会学的重要源头。圣西门和孔德对于社会学的创建居功至伟,后者1838年首次在《实证哲学教程》中提出“社会学”这一名称,并建立起社会学的基本框架。之后,迪尔凯姆、布尔迪厄和拉图尔的社会学均赫赫有名。圣西门对技术与工业的研究投入许多精力,其后科学、技术与知识一直是法国社会学研究的重要主题,以拉图尔为代表的SSK“巴黎学派”的崛起便是明证。

在上述两大传统中,技术被充分地反思。今天被认定的法国技术哲学家如埃吕尔、西蒙栋以及国内不熟悉的让尼古(Dominique Janicaud)、沙博诺(Bernard Charbonneau)、哥哈(Alain Gras)、布航(Jean Brun)等人,一般担任的都是社会学、历史学和人类学教席。

法国人对技术的哲学反思,往往与科学、知识混杂在一起进行。在法国科技哲学传统中,自圣西门之后,“科学”与“技术”两个概念被紧密联系在一起使用,法国学者说“科学”时经常包括技术,福柯就是典型。在一定程度上,法国人对科学的推崇更多的是出于科学改造世界的实践力量,而不是把科学视为逻辑严密、绝对无误的真理。而斯蒂格勒更是主张“技术化科学”(technoscience)的观念,这受到海德格尔的影响。实际上,“技术化科学”的观念今天在法国和德国技术哲学家中很受欢迎。

斯蒂格勒在贡比涅大学担任的是法国最早一批以技术哲学为名的教席。但他认为,技术反思并非仅仅是哲学反思,而是哲学的全部研究对象,因此研究技术就是研究哲学,从这个意义上说他是“超哲学”的。显然,他把自己当作一般哲学家。也就是说,他的目标不是技术哲学(philosophy of technology),而是从技术切入的哲学(philosophy from technology),是经由对技术的反思而获得哲学基本问题的答案。这一点在法国科技哲学家中非常明显:他们对科学技术的反思并不止于科学技术本身,尤其试图指向理解人的社会历史境遇——这一境遇在当代无疑以科学技术时代为最突出的特征——因此法国的技术哲学家以人与技术之关系为最核心的问题,因而对技术伦理、技术的社会冲击备加关注。

法国技术哲学与艺术关系非常密切,表现为哲学家们讨论很多艺术、美学和文论的问题,福柯、德勒兹、德里达和斯蒂格勒等人都是如此。其中很重要的原因是:技术与艺术在法国传统中长期被混同为“技艺”(technik),类似英语中 technology 的术语 technique 直到两次世界大战之间才开始流行。同样,法国人讲艺术时不限于纯粹的审美艺术,而是包括有实际用途的工业设计、建筑艺术以及家居装潢、服装设计、园林和城市规划技艺等。在斯蒂格勒这里,艺术被认定为最高的技术形式,是当代记忆技术重要的组成部分。

技艺同源的观念根源于当代法国技术哲学对人的基本理解,即人本质上是工具制造者(homo faber)——技术物、艺术物都是能制造工具的“灵巧者”即人的创造。这也为当代法国技术哲学所谓的“物的转向”(thing turn)——西蒙栋于 1959 年提出——开辟了道路。拉图尔和斯蒂格勒均给技术人工物以更高的地位,前者的行动者网络理论(ANT)要求对人与物以平等对待,而后者花大气力分析物尤其是记忆物如电影、照片、数码物等。当然,法国技术哲学转向物,亦受到其他国家同行的影响,如温纳对纽约长岛大桥的技术政治学研究、荷兰兴起的道德物化理论以及美国兴起的工程哲学研究。

另一个与作为工具制造者的人之观念相关的法国技术哲学突出特点在于:与人类学研究关系密切,大量借鉴和使用人类学研究技术的思想和方法。这个特点在斯蒂勒理论中体现得非常明显,他受法国著名古人类学家古尔汉影响巨大。从历史和人类学角度来考察技术都强调时间和起源的问题,因此科学史传统的巨大影响与法国技术哲学亲近人类学是一致的。通过对人类与技术关系进行人类学考察,法国技术哲学得出技术与人协同进化的基本观念,也为强调技术的历史性、偶然性、断裂性和差异性开辟了道路。古尔汉让法国学者相信,技术已经成为人类生存的基本条件。受他影响的技术哲学家除了斯蒂格勒,还包括西蒙栋、德勒兹和拉图尔。拉图尔甚至提出“人类学转向”的说法。但是,正如塞瑞祖里强调的,“人类学转向”并不是法国技术哲学对人性或人的本质主义方法的回归,而是强调技术的“人类学构成”,反对技术中立的工具主义观点。

反对技术中立的观点也是当代法国技术哲学受到圣西门主义、马克思主义和现象学运动重大影响的结果,这在斯蒂格勒思想中体现得很明显。圣西门将科技与工业视为紧密联系的现代社会的两大支柱,强调赋予科技专家和工业家统治国家的权力,因而被称为技治主义的"鼻祖"。显然,圣西门将技术问题引向政治批判,而很多人将斯蒂格勒视为政治哲学家或技术政治学家。马克思主义对法国学者一直影响很大,阿尔都塞提出过"结构主义的马克思主义",福柯、斯蒂格勒等人都短暂加入过法国共产党。与马克思一样,法国马克思主义者对技术问题非常感兴趣,继承了马克思关于机器与工人、技术的社会存在等方面的问题或观点。现象学对法国技术哲学家的影响主要以海德格尔思想为枢纽,海德格尔后期哲学关注的焦点是技术,他的技术哲学思想对德里达、利奥塔和斯蒂格勒的相关思想影响很大。

总的来说,国内对法国科技哲学研究还比较生疏,有很大提升空间,技术哲学领域尤为明显,拉图尔和斯蒂格勒也是在过去几年才被中国学者关注。与美国、荷兰和德国的技术哲学相比,法国技术哲学特色鲜明,有很多值得中国技术哲学借鉴的东西。

首先,关心人在技术时代的命运。高新技术的重要特点是深入每个社会个体的日常生活当中,未来技术哲学的发展必须要从存在论的高度来回应人与技术在技术时代的新关系。

其次,融合历史、哲学、社会学和人类学的不同视角。法国的技术哲学表现为明显的问题学,辐辏于某一技术问题进行跨学科探讨。国内的科学哲学、技术哲学、科学史和科学、技术与社会研究(STS)比较割裂,学科门户意识过强,这对于智能革命时代的技术哲学发展不利。

再次,聚焦于技术的伦理学、政治学和社会学方面的问题。应该说,这属于整个科技哲学未来发展的热点。国内对此已有认识,但研究还不够深入，尤其没有发挥哲学思想的深刻性和总体性的优势。

此外，重视研究技术与艺术的关系或技艺哲学。实际上，国内的艺术家和艺术学研究者对于高新技术，尤其是数字技术非常关注，近年来举办了很多技术与艺术对话的展览、研讨和会议。相比之下，技术哲学家与艺术圈、电子工程师、媒体工作者的联系还很不够。

最后，重视技术哲学的经验研究。法国技术哲学的“物的转向”，与荷兰学派提倡的技术哲学“经验转向”有异曲同工之妙，都要求技术哲学研究者俯下身子，把目光紧盯各种各样的人工技术物，挖掘具体物件中的灵韵或伦理、政治意涵。

总之，中国的技术哲学应该在继承自然辩证法研究传统的基础上，吸收和借鉴包括法国技术哲学在内的各种思想资源，针对当代中国特殊的技术问题，交融创新，自成一派。当今是哲学的“小时代”，世界范围内哲学遇冷，大哲学家举世罕有。中国的技术哲学家们应该感谢斯蒂格勒，因为他的死让技术哲学又“火”了一把。面对不确定的技术世界，哲学可以有所作为，也应该有所作为。

互联网当然利好人文

科技与人文的关系,二十年前我读博士的时候,大家讨论得很热烈。如今每年我给研究生上课,都会讲到这个问题。互联网与人文之间的关系,有很多可以细究的问题。在互联网的背景之下,我主要有两个观点:(1) 互联网当然利好人文;(2) 国内谈的科学对人文精神的挑战,实际上是个伪问题,或者说在这个题目之下,大家在说的是其他的问题。

先来说第一个观点:互联网利好人文。

什么是人文?我想,大家讲人文的时候,一般涉及的是文学、历史、哲学、艺术和宗教这些领域的“东西”。是不是?很显然,互联网对于人文发展好处多多,可以说数不胜数。首先,有了互联网,普通人可以非常方便地获取各种文艺资料,极大地丰富了人们的精神生活。我读初中的时候,听老师讲泰戈尔的诗非常美,特别想找一本《泰戈尔诗选》,骑一个多小时自行车去县城的图书馆,几次都没有借到,后来读大学才在图书馆借到一本。现在想看,网上很容易下载到免费的文本。同样,互联网也让发表变得很容易。写个日记,编个故事,有很多方法很容易就发表出来。我写的学术论文,被放在中国期刊网上,一般几年都只有几百下载量,可微信公众号上写的东西,一天就可能上万点击量。现在一些文化人、艺术家,善于利用快手、抖音这样的短视频,受众更多。

对于人文学科的专业研究,互联网也带来极大的便利。方便资料传播就不用说了,现在我们做研究都是全球接轨,提出什么想法可以全球竞争,都是互联网的功劳。几十年前,有些人从国外找一些书,翻译翻译,介绍介绍,然后成为某某人或某某学研究专家的情况已经一去不复返。现在学生搜索资料的能力不比老师差,国外有什么新东西,大家都知道。

其次,互联网改变了社会,给人文学科的研究提出了很多问题,带来了知识生产新的“增长点”,繁荣了文科研究。我所从事的哲学专业,现在很多人都在研究信息、信息社会和智能革命,不少学生论文选题都与之相关。

再次,互联网也给人文研究提供了新的方法,正深刻改造人文知识生产最核心的东西。比如数字技术与艺术创作催生了数字艺术,用计算机作曲、画画,用计算机写新闻报道、写小说,甚至写诗。比如大数据技术与人文研究结合催生了数字人文,用计算机研究文学、宗教、历史和哲学。“数字艺术”和“数字人文”是现在人文研究领域的新东西,很有活力,大有前途。

可能有人要说了,数字艺术和数字人文对文艺也有挑战,比如用计算机编剧,对作家冲击很大。当然,世界上没有绝对好的东西,互联网对现有的人文生态肯定会有改变,但是总体上是有利于人文发展的,是不是?计算机编剧冲击的是作家的工作,而不是剧本的生产。如果编剧水平和计算机差不多,被计算机淘汰也不冤枉,对不对?

因此,从总体上看,互联网是利好人文发展的。如果可以,我觉得可以加上个“大大利好”。

我们再来看第二个问题:互联网与人文精神的问题。

互联网挑战了人文精神吗?我觉得这个问题是个伪问题,或者说,它讨论的其实不是互联网与人文的问题,而是其他问题。为什么呢?

“人文精神”是个令人费解的概念。这个词在当代汉语中经常会用到,但在英语世界中使用频率不高。无论是 human spirit,humanism spirit,还是 humanity spirit,都很少见。而且 human spirit 意思是人的精神,humanism spirit 意思是人文主义精神,humanity spirit 意思是人文学科精神,都有确切的意涵,与汉语中模模糊糊的“人文精神”这个词不太一样。

不是说外国人不讨论,我们就不能讨论。可是,究竟什么是人文精神呢?很多人一说人文精神,就要说到琴棋书画,这难道不是某种古代技能吗?它们包含什么精神呢?

就算是中国传统文化精神,它等于人文精神吗?如果等于的话,互联网对人文精神的挑战,实际讨论的是互联网对中国传统文化精神的挑战。对不对?互联网有没有挑战中国传统文化精神?不知道,但是有了快手、抖音,大家看到穿汉服的“小哥哥”“小姐姐”越来越多了。

在某些人口中,问题进一步漂移,变成了:科学文化是西方来的,西方文化崇尚科学属于科学文化,中国传统文化属于人文文化,考虑更多的是人生问题,于是科学文化与人文文化的关系问题就变成了西方文化与中国文化的关系问题了。互联网是西方舶来的东西,是西方文化的结晶之一,它会不会侵害中国文化?会不会阻碍我们伟大的复兴呢?一百多年来,中国人关于中学是主干还是西学是主干的“体用之争”,可谓汗牛充栋。问题到了这里,意识形态色彩就很浓厚了。以上这种观点我基本上是不赞同的。你不能说中国传统文化就不讲理性不讲科学,更不能说西方文化就不关心人。现代西方文化个人主义流行,极力推崇人的自由和尊严,这不是人文精神吗?而且,和“中国传统文化”这个词一样,“西方传统文化”这个词也好大,可以说不知所云。我在西班牙搞讲座时,就被同行怼了。他说,没有什么西方文化传统,西班牙伊比利亚传统和荷兰尼德兰传统是不同的,大而化之讲“西方文化传统”是无意义的宏大叙事。他批评得很对。是不是?

还有些人把人文精神与人文学科联系起来,将人文精神等同于文史哲和艺术学科的精神,然后说人文精神就是关心人生意义。这种观点不能细想。比如说哲学吧,流派众多,大家都关心人生意义吗?分析哲学现在占据半壁江山,就不关心人生意义,卡尔纳普直接就把人生意义问题称为要排除在哲学之外的形而上学。文科内部哪有什么统一的精神呢?搞艺术的经常觉得与搞哲学的没法聊天。如果你硬要说人文学科有什么共同的东西,大约就是这种多元化和无休止的争论,是不是?所以,把人文精神与文科联系起来讨论互联网对人文精神的挑战,实际是在讨论互联网对于文科的发展有哪些好处,又有哪些坏处。

还有一些人谈互联网对人文精神的挑战,实际上讨论的是大众文化对精英文化的挑战。在他们看来,互联网看起来文艺资源很多,但数量更多的是“三俗”的东西,比如修仙小说、“二次元”“耽美”、说唱、“鬼畜”、占星……流行的都是垃圾,莎士比亚、唐诗宋词和高深学术等没有受众。且不说他们的这种印象到底对不对——比如说我发现网上很容易找到瓦格纳——精英文化才有人文精神吗?大众文化就是反人文精神的吗?如果是这样,你是想要少数人垄断人文精神,代表人文精神吗？再说，精英不精英，也是个历史概念，莎士比亚在他那个时代也被人说成“三俗”。互联网提供给各种文化样式一样的平台，你没有“玩”好，是不是应该反省自己，而不是上纲上线地说互联网挑战了人文精神？

当然，大众文化与精英文化是很大的话题，一句两句说不清。但有一点，互联网对人文精神的挑战，现在变成了大众文化对精英文化的挑战，是不是跑题了？所以，我认为，大家在说互联网对人文精神的挑战的时候，讨论的其实是其他的问题。

接下来，我再简单比较一下西方对类似问题的讨论，介绍一下“科学精神与人文精神”的背景。类似问题的讨论，在西方主要是以“两种文化”的题目来进行的，被称为“斯诺命题”。

斯诺觉得科技与人文之间的嫌隙是个大问题，将其称之为“两种文化”，认为科学文化与人文文化的断裂在加剧，应该想办法弥合。1959年，他在剑桥做了一个著名演讲，“两种文化”的观念在其后走红，斯诺也成了著名的公共知识分子。虽然斯诺的题目是“文化”，但实际关注的都是具体事情：文理专业划分不要太早太严，政府里大多数决策者连基本科技常识都没有，如何提振科学教育（science education）等。

“两种文化”的讨论深深影响了英美的教育改革，传到中国“画风”就变了，往高大上的玄远方向发展去了。1990年代，科学精神与人文精神的融合问题在国内兴起，至今不衰，关心的问题都是：什么是科学精神？什么是人文精神？两种精神是不是相冲突？实际上，“科学精神”一词在英语中也不常见。在科技哲学领域，流传更广的是默顿使用的ethos of science，常常翻译为“科学的精神气质”，与之相关的默顿规范很常见,即普遍主义、公有主义、无私利性和有条理的怀疑主义。总之,中国人爱讨论精神,爱讨论玄学,在胡适所处的年代表现为喜欢谈主义,于今表现为哲学在中国之发达,以及偏好意识形态争论和宏大叙事。

务实求真的科学传入中国可谓阻力重重。1923 年,发生了一场"科学与人生观"的论战,反对科学的人说科学不能解决人生观问题,哲学、宗教和传统文化这些东西才能解决人生意义的追寻。具体细节不说,只说一点:"科学与人生观"的争论和 90 年代"科学精神与人文精神"的讨论一样,都非常抽象和高深。

相比较而言,"两种文化"争论在西方尤其是英美两国不断刺激教育改革,激发科技与文艺的融合,提升专家和智库在政治决策中的作用,等等,都是实实在在的变革。实际上,与 1923 年中国"科学与人生观"争论几乎同时,哲学家罗素与遗传学家霍尔丹在剑桥大学也发生了一场争论,争论的焦点是科学是否一定能够给人类带来更美好的未来。这一场争论结合才结束不久的第一次世界大战,让人们意识到现代科学技术的发展也存在着需要防范的负面效应,政府要对科技创新活动加以规范和约束。

回到"互联网与人文"问题上,我们的讨论应该深入下去,具体到实实在在的问题上,精神层面的讨论看起来很高深,实则对科技与人文的融合效果有限。如果实在要问我,如何建设互联网时代的人文精神?一定要说有个什么人文精神,应该是容忍不同意见的多元包容精神吧。我想,就这一点而言,互联网和智能革命提供了前所未有的信息流动平台,有志于传播人文的人应该好好利用它,并且随时警惕利用科技手段压制不同声音的举动。

当然,不能对现代科学技术的负面效应视而不见,要警惕“双刃剑”可能对人类造成的伤害。互联网也是如此。因此,包括互联网在内的科学技术发展,最终还是要强调以人为本,科学为人服务。对此,要澄清一些思想观念。

第一,看看人与机器的关系。最近,机器人技术发展迅猛,很多人担心机器智能超过人类智能,因而强调人和机器之间的斗争关系,思考如何控制机器人的发展。实际上,机器与人的关系不是今天才出现的,工业革命之后就已经成为一对很重要的关系。于是,一些人认为,在三四百年的历史进程中,人类与机器之间已经形成协同进化的关系。也就是说,机器应用影响人类的身体、行为和思想,反过来机器也因为人类的需要而改变,二者相互作用,共同进化。相信协同进化论的人很多。但是,我认为,协同进化论看起来很客观,但实际上是置身事外,站在地球之外、站在上帝的视角——我称之为“宇宙视角”——看待地球上人和机器的关系。协同进化的结果可能是人类灭绝,难道人类对此要听之任之吗?人类面对着协同进化的“无知之幕”,不应该听天由命,而是应该要努力延续种族的存续。

第二,看看人类中心主义与非人类中心主义的争论。为什么要保护环境?人类中心主义认为,保护环境是因为环境对人类有价值。可是,对谁有价值呢?穷人还是富人?中国人还是美国人?自然环境破坏了,人类不能在人造环境中生存吗?非人类中心主义认为,保护环境是因为自然本身有价值。可是,病毒、苍蝇和老鼠也有价值吗?很多人对此质疑。也就是说,两种观点都有问题。它们不过是一种哲学或伦理学理论,没有物理学理论一般的“客观性”,赞同一个或反对一个,本质上说是价值观的选择问题。我认为,“保护环境”这种说法都是狂妄的，人类没有能力保护环境，更没有能力毁灭环境。原子弹炸不绝细菌、病毒，甚至炸不绝老鼠、蟑螂。人类有能力做的是伤害自己和保护自己。不排废水、放废气和垃圾不是为了保护环境，而是为了保护自己，因为污染会让人生病，让人患癌。

第三，看看技术工具论和技术实体论的争论。人类要约束和控制技术，可能吗？有些人说，技术是自主发展的，有自己的规律和路径，人类再怎么努力，也改变不了技术前进的方向。这种观点被称为技术实体论，实际上是一种宿命论的观点，说人类无力约束技术。与之相对的是技术工具论，它认为技术只是工具，人拿技术做什么是人的问题，不是技术的问题。按照工具论，科学家和工程师只管搞发明创造好了，不需要管技术被用来做什么。显然，这种观点遭到现在越来越多人的反对。在我看来，两种理论都是有问题的，幸好它们和人类中心主义、非人类中心主义一样，也只是哲学理论，最终也只是价值观的选择问题。

面对技术发展的负面效应，人类要做什么选择呢？当然是以人为本，使我们的种族繁衍下去，不断进步。因此，问题的关键在于：(1) 人类是否能鼓起勇气、树立信心，为约束和控制技术发展而真正行动起来；(2) 是否愿意为这种行动而做出一些牺牲，放弃某些技术可能带来的便利，因此，技术为人服务，不能停留在精神层面的讨论上，而是要每个人付诸实际行动的。

最近科技伦理的讨论很热，大家都要用伦理来约束和控制科学技术的发展。于是，很多人提了各种伦理准则，介绍了各个国家的伦理规范。现在的问题是如何将伦理对科技的约束落到实处？大而化之的讨论，最后能解决的问题非常有限。

我想,可能至少有两个建设性意见可以提。

第一是工程教育。也就是说,对工程师、对在读的理工科大学生进行工程伦理、人文素质方面的教育,让他们意识到自己肩负的社会责任,学会不仅用技术的眼光看待自己的工作,还要学会用伦理的眼光看待自己的工作。目前,国内在这方面要做的工作还很多。技术和工程方面的事务,专家还是有更大的发言权,外行可以提意见,但对技术设计的内情还是不清楚。所以,必须要对工程师进行教育,不能只管发明创造,不管它的社会后果。

第二是道德物化。我们不能空谈道德,道德要落实到技术中,要以技术的方式实现道德理念,这就是道德物化的思路。比如说开车要系安全带,不系可能伤害自己伤害他人。可某个司机就是不讲道德,怎么办?技术上设计报警系统,不系安全带,就不停地报警。再比如减速带。你急弯开车不减速,我就设计很多减速带,把车颠簸得不得不减速。所以,把技术和道德结合起来,用物化的办法将准则变成有形的技术设计。

无论如何,面对技术的负面效应,要积极主动地想办法,应对技术对生活的挑战。因此,我认为"互联网与人文精神""科技与人文精神"的讨论不能停留在宏大的精神层面讨论之上,而是要深入下去,推动科技与人文融合的实际行动。

两种文化与当代知识生产

60 年前,在“两种文化”的题目之下,斯诺指出,西方社会的知识分子分裂为相互隔阂甚至敌视的两个集团,一极是人文知识分子,另一极是科学家尤其是物理学家。

实际上,当代智识领域的分化还不止于此。文化分裂的原点是知识分化,60 年来不同自然学科尤其是理科与工科之间的分化、文史哲与社会科学之间的分化,也越来越明显。而在大学—现代知识体系之外,其他智识传统如宗教—神学传统、作家—艺术家传统、记者—新闻传统以及地方性知识,要求话语权的呼声越来越高,批评大学知识保守的声音越来越大。

斯诺假定,曾经有过一个所有知识和谐的时期。这不是事实。在人类的智识领域,从未出现过“大一统”。即使中世纪神学唯我独尊,各种攻城、劳作的工匠知识,以“七艺”为中心的希腊式智识传统,一直都存在和发展着。仅就现代自然科学传统而言,牛顿力学大兴之后,各门自然科学纷纷尝试向物理学靠拢,但从未达到严格意义的知识一统。

20 世纪二三十年代兴起的维也纳学派发动了“统一科学运动”,但 60 年代之后就基本偃旗息鼓了。而且,运动的旗手如纽拉特、卡尔纳普等人并不认为其他科学可以改造为物理学分支,而是主张学习和使用类似的物理语言。

20 世纪下半叶以来,生物学、信息科学、环境科学、系统论与复杂科学以及社会科学等强势崛起,新兴学科不再争相向物理学靠拢,而是要走自己的新路,科学版图因而发生了重大改变,所谓"物理学帝国主义"崩溃。

知识分化是知识进化的必然过程,本身就是人类智识进步和社会分工的重要表征。但是,现时代显然步入某种意义上知识冗余的时代。这是现代西方知识生产逻辑的必然后果,尤其是分科逻辑四处"传染"的结果,而这一过程自哥白尼的《天体运行论》开始不过四百多年。作为人类辅助生存或者指导生存的进化产物,知识的力量拐点正在到来,也就是说,知识带来的麻烦和产生的好处正进入相持阶段。此一相持导致更严重的知识冗余,平白增加了诸多解决知识冗余、应对知识问题的所谓新知识,可称之为"知识银屑病"。

我以为,知识生产今天有三种主流模式,即博学、实学和科学。它们源自西方知识生产古代现代转换之际,然后传播到世界各地,与非西方文化传统碰撞、结合、倾轧。

所谓博学,就是显示你知道的多,知道人所不知,标志性的东西是密藏的文本(包括古代数学)、传男不传女的家学、冷僻的边角料。一句话,多即好。博学是古代遗风,尤其是神学博学家的遗风,后来成为所谓 university(大学)的主流,哲学史、古典学研究就是典型的博学。孔乙己问,你知道回字有几种写法吗?在今日所谓人文知识之中,此风尤在,大学中的文科教授多有此好。

实际上,从基尔特(Guild)行会开始的大学历来就是智识上的保守继承势力。西方最早的大学开始就是世俗化的神学院,长期借力教会以谋求生存。《巴黎圣母院》里可恶的教士克洛德就是博学人物的化身,他最大的特点和癖好就是钻书堆。粗略地说,博学的要点是建立鸽笼秩序,方法是分类和分级。

所谓实学,就是诉诸知识造福人类福祉的信念,将生活智慧、实践智慧和实用理性结合为某种学问。在古今更迭之际,欧洲出现了人文主义者(humanists)。今天的人们总忘记他们的真实形象,以为他们应该是像今日之公共知识分子一般的存在。实际上,人文主义者多数干着城市官员、公证人、包税人和法官的营生,有时候兼着贵族的家庭教师,乃是欧洲早期城市化过程中的城市管理者,依附于他们的庇护者。

中世纪晚期兴起的欧洲城市,不依农村的暴力分封模式来治理,尤其因为城市治理的复杂性以及金钱而非实物的运转逻辑,就需要坚持实用理性的专门人员帮助领主来保障城市的运转。没有中国式统一国家文官制度,彼时欧洲的文官们实际是领主的附庸,人文主义者乃是其中一些以实用知识赞颂城市及其赞助者的智识者。他们的学问乃是治世之学,遗风在今天的社会科学尤其是与钱有关的学问中独树一帜。因此,实学的要点是操作。

科学不用多解释。要特别指出的是,科学诞生的实验基础并不来自大学和人文主义者,因为他们共有对实操的鄙视。实验传统乃是承自工匠——因此可以说现代科学有某种技术起源——包括今天的艺术家,彼时与工匠并不分家,典型者比如著名的达·芬奇,还包括今天的工程师,那时多是效力于战争机器的工匠。在工匠的顶层,出现了对逻辑学、数学等原不为他们所拥有的所谓纯粹知识的倾慕,推动了现代实验传统的产生,因为彼时顶级工匠存在着跻身于上流社会、与教授和官员阶层交流和融合的渠道。

因此,现代科学兴起时的价值辩护主要是实用而不是真理,科学真理之说乃是后来兴起的修辞术。历史经验表明:以纯粹真理为名,难以走向真实的世界,而很可能成长为故纸堆中的钻研,譬如乾嘉汉学。

今日之学问,无疑是科学独大。尤其是搜索引擎和大数据出现之后,博学必然式微。实学主动向科学靠拢,是为社会科学自然科学化,因为实践智慧、传统习俗和人生经验总结被证明在不断快速变化的当代社会中很不"靠谱"。博学、实学被贬低,老人不再被尊重,历史不再是被歌颂的东西。

当然,这并不是需要叹惋的事情,知识灭绝在几千年的人类知识史上并不是第一次发生,大规模的巫术神话知识、野外生存战斗博物知识、游吟诗人知识以及因为封闭而传承的诸多地方性知识,都曾大规模地灭绝,但进化的知识依然很好地完成了它的任务。

然而,知识分化导致了生产和传播不同知识的人之间不友好的态度。这不是知识本性使然,而是人类本性使然。不同知识之间的斗争本质上是不同人群之间的力量竞争。以真理和知识为名的相互攻讦和蔑视,背后是不同知识分子集团的权力诉求。一部人类智识发展史,同时也是以智识为生的人群之命运的跌宕起伏。在科学时代,科学家拥有最大的知识权力,遭人羡慕和嫉恨是难免的。随着知识社会的到来,科学家越来越多,知识分子越来越多,教授越来越多,竞争越来越激烈,更容易出现对抗的情绪。

重点不在于科学家应该容忍其他智识分子的羡嫉,或者是否慷慨地分一些资源给他们,而在于:分裂和分化并不是完全负面的,也不可能完全消除,而且科学家一枝独秀既不是从来如此,也不会一直持续下去。更深刻的问题是:为什么要消除不同文化的争论?从某种意义上说,文化本质上就是多样性和异质性的争论,这并不一定会影响社会和谐。文化的多元化是世界潮流。

无论如何,如果智识导致狭隘和傲慢,这与人类追求知识的目标是根本相悖的。提倡文理交融和通才教育,不能改变知识生产的分化规律,但是可以缓解狭隘和傲慢,让生活于真实世界之人具备健全的常识。应该钟情于知识新的综合,更看好横断科学或问题学式的跨学科整合,而不是过于张扬博学之旗帜,因为科学是,也应该是大学教育的基本面。

本雅明之死

本雅明在1940年自杀以后,似乎世界更加安详和宁静。即使活着时,他那四处流窜和手足无措的行为方式,也根本没有引起人们多少注意,或者说,他就是想逃避人们的视线。他正是卡夫卡所指的那种人——“归根结底,他在一生中都是死者,但却是真正的幸存者。”而且,苏珊·桑塔格吹捧本雅明是“欧洲最后一个自由知识分子”,并引用本氏的论断指出“自由知识分子是一个灭绝的物种”。这就引发了我们的好奇:什么是所谓“自由知识分子”?他们灭绝了又有什么关系?

我们还是从本雅明开始。首先我们要指出的是,他试图成为独创一派的思想者和文学批评家。但是,好像活着的时候没有获得成功。而且,这种梦想带给他的似乎只有厄运和早已预见的死亡。

本雅明1892年出生于柏林的一个犹太商人家庭,家境殷实,衣食无忧。但是,作为一个犹太人,几乎从一出生他就感到了整个欧洲对犹太民族的排斥甚至仇恨。这种仇恨最终演变为“纳粹主义”,并成为逼迫本雅明自杀的直接原因。(由于纳粹的兴起,使得本氏被剥夺了公民权成了“黑户”,最后在流亡自由美国的途中自杀于法国与西班牙的边境上。)同时,他也几乎从一出生起就熟悉犹太中产阶级为融入欧洲氛围而作出的委曲求全,并且旋即就发现了这种努力是不可能实现的。但是，不是说到此本雅明就没有了活路——事实证明，犹太人是杀不绝的。况且在当时，犹太人向耶路撒冷大规模移民的复国运动也已经开始了。不幸的是，本雅明整个一生中都没有实心实意地接受这一运动。

更重要的是，他受到了苏联的影响，开始半心半意地宣布自己信奉马克思的观点。然而，这种声称并不代表他真地支持列宁、斯大林为领袖的社会主义集团。事实上，在1939年临死之际，他才第一次阅读了马克思的《资本论》。所以，本雅明1926年考察苏联时没有像布莱希特一样移居苏联就一点也不奇怪了。另一方面，他赞同布莱希特强调文艺为政治服务的观点以及对犹太复国运动的同情，又使自己不能完全见容于迁居美国的法兰克福学派"社会研究所"。这样一来，苏联、德国、以色列和美国，犹太复国主义、共产主义和社会批判主义，都不十分欢迎本雅明的加入。

然而，正是为人所拒的落魄，才造就了本雅明独树一帜的思想和文风。本氏的思想深邃、庞杂，具有前瞻性。比如，他在生前没有发表的《论语言》中预见性地提出"物的语言存在""纯粹语言"和"语言组成的统一运动"等三十年后才开始流行的语言哲学思想；他的"历史废墟论"（"没有一部关于文明的记录不同时也是关于野蛮的记录"）、"真理虚无论"（"真理拒绝把自己纳入知识领域"）以及注重事物原型和微小细节（反对宏大叙事）的种种主张，和后来的后现代主义不谋而合。

本氏雄心勃勃地想把文学评论"重建为一种文体"，极力推崇讽喻、格言式警句和纯粹的引文（他曾计划写一本基本上由引文组成的著作），因而文风晦涩。而且，加上本雅明行文诡异，所以他的文章难以理解。他申请教授资格的论文《德国悲剧的起源》被认为是不知所云。

由于上述原因,汉娜·阿伦特把本雅明划为“不能分类”的作家。并且,他也根本无力确立起自己的学派——即自己给自己归类。

再来看本雅明的生存实践。如果用世俗的眼光来看,他似乎是一个基本无所事事、不求上进的废物。的确,他一生也发表过几篇文章,被称为“作家”。但是,他写的东西不合潮流。因此,他获得了博士学位,却没有能在大学里谋到一个饭碗。他一生都没有一个职业,没有一技之长。

而作为一个“自由撰稿人”,他又是极其失败的,以至于不能养活自己,更不要说家庭了。然而,这么一个人,还有天生的好逸恶劳的恶习。他多数时间都在闲逛,好像在半梦半醒的状态里徘徊,几乎根本不考虑怎么去养活自己。

刚开始,借口读书,他伸手向家里要钱。家里指望他毕业后会正经谋生,就提供了长时期的资助。三十好几岁了,他还和老婆(曾经也是学生运动的领袖)、孩子一起住在父母身边,以免自己付房租,其实他也付不起。他的生活,就只是关在房里思考,出了门就瞎逛。而且,似乎生来他就有一些贵族的癖好,其中之一就是收藏贵重的书籍。

父母死后,他就只有离婚,免得连累妻小。最后,他只能去巴黎——“闲逛者”的天堂。巴黎,也没有给他一个位置。他没有亨利·米勒的运气,更加没有后者“曲线救国”的媚俗。本雅明不明白:庸俗才是人的常态。巴黎的天空也只是附庸风雅的天空,否则它就会被众人推倒。在这种尴尬情形下,本雅明还有心追求所谓的真正的爱情。不用猜,他对苏联戏剧家阿丝娅·拉西斯(其时她已婚)的倾慕只能是南柯一梦了。

那么,如此懵懂,他除了死,又还有什么出路?正如本雅明评论别人时所讲的,他是死于“不谙世事”。“不谙世事”者必死。同时代的海德格尔不是委身希特勒了?人人都在想自己的后路。只有本雅明张皇失措,不知所终。但是,世俗生活的生疏和彻底失败,保护了激情不被迅速磨灭,给了他用于“真正的思考”的时间和“灵韵”。所以,正是如此不谙世事,才造就了本雅明。

回到我们一开始就提出的疑问:什么是“自由知识分子”?所谓知识分子的自由,应该指的是一种独立和准超然的社会观察者和知识生产者的地位。正如和本氏同时代的陈寅恪所言,知识分子应追求“独立之品格、自由之精神”。也就是说,他们是一帮核心社会之外的看客,并时不时地吆喝几声,为社会给出一点批评或叫好。因而,自由知识分子不是高人隐者,不问世事;也不是文化战线的同志,开制造供人民消费的什么精神产品的个人作坊。做隐者实际上是被人间蒸发,其生死早已被人民置之度外。

自由知识分子搞的东西,人民不感兴趣,因为不如“小燕子”那么乖巧伶俐和“贴近生活”;统治者也不感兴趣,因为他总要骂骂咧咧、不服管教(即使是为了社会更稳定、生活更美好、政治更巩固)。所以,自由知识分子就有些里外不是人了。然而,他们还是怀着满腔的热情在那里指手画脚,希望人民能接受自己的忠告。遗憾的是,除了自由或不自由的知识分子外,这些“真正的知识”问津者少得可怜。

总的说来,自由知识分子处于社会的最边缘,但从未打算真正从社会中出走,所以他们只能达到一种“准”超然的心态而不能真正超越。问题是,他们相信“超越”,并且要劝说人民接受自己的理想。自由知识分子忽视了一个问题:也许,成为真正的野兽而不是超越,有些人会觉得更舒服。

本雅明只活了四十八岁。作为自由知识分子,本雅明之死是他的高潮。他的死更重要的意义在于:有人讲本雅明是欧洲最后一个自由知识分子,然后他们作为一个群体就要绝种了。

本雅明的时代,在西方,所谓又一轮"知识分子政治化"过程已经快进行到最后。其实,自从知识一产生,或者说知识的生产成为可能,各种力量就开始窥觑其生产权。作为专职的知识生产者,知识分子占有了相当一部分令人垂涎的知识生产权。因此,历朝历代的统治者和世俗权威、宗教权威都企图收编知识分子,以控制知识。所以,所谓知识分子的自由,为当权者不能容忍。一旦有机会,这一收编过程就必然要发生。

在古希腊,凭借其贵族地位和对奴隶的剥削,知识分子可以保持一定的知识的自由生产。到了中世纪,由于基督教异常强大,凭借其宗教特权的世俗化,知识分子的自由特权被没收。我们可以把中世纪的情况称为"知识分子宗教化",经院学者就是典型代表。然后,到了启蒙时期,宗教的力量开始削弱,知识分子尤其是研究自然知识的科学家又获得了一定的自由,欧洲的知识分子进入了一个黄金时期。

20 世纪,特别是"二战"以后,知识分子开始丧失其独立的经济基础,要靠自己的知识谋生就必须受雇于某一阶级。另一方面,科学开始职业化,并且和政治牵连在一起,科学界的超然地位也因此而被取消。另外,自然科学家、哲学家对人文科学基础的追问,使得后者的合法性受到极大的怀疑。人文学者无力为其知识的确定性辩护,因而知识的销售成了极大的问题,不得不更加依赖于政治的羽翼以求得基本的生存权。这就是“知识分子政治化”过程,也是知识分子失去其独立自由地位的过程。

本雅明试图背离这一时代潮流,独立于时代之外。他与各种主流思潮都保持一定的距离,而以一种真正的研究态度看待它们。所以,他的死标志着这种努力的彻底终结,同时也标志着“自由知识分子”随着上述政治化过程而最后灭绝。

这样看来,自由知识分子只能在剥削的基础上存在。当然,这种剥削可以为社会所承认,甚至以国家的名义进行,前提是国家和人民承认他们带给整个社会的好处。也就是说,国家可以无偿地养活一群知识分子,并给予他们自由,不给他们提出任何任务。而自由生产出来的知识,往往不会是毫无用处的。

对比西方,中国的自由知识分子在先秦时期获得了生存权。先秦以降,尤其是董仲舒“废黜百家、独尊儒术”之后,上述政治化运动就基本完成。也就是说,自那以后,中国就失去了自己的自由知识分子。到了后来,知识的解读和生产更是基本成了科举制度的附属品。科举制度强化了中国知识分子的政治化倾向,并凝练成“学而优则仕”的教条。数千年来,政治对中国知识生产的绝对权威一直未曾松动。这也与封建大一统格局的稳定性紧密相连。所以,每到改朝换代,中国的学术、文化就异常地繁荣。典型的是两晋乱世和“五四”时期。在这样的时候,知识分子都尝试摆脱政治的阴影,重新获得自己的自由。

从上面看来,在自由知识分子的眼中,知识的销售是不在考虑之中的,即知识的生产是纯粹为了生产知识而不是为了获得利益。当然,不考虑知识的销售,并不必然导致知识的滞销。因此,以这个标准来衡量,庸俗化的传媒文人首先就要被排斥在自由者之外。而学院学者为纯粹求真而投身学问的例子,也基本上绝迹了。对于学者,学问首先是一种职业。职业要获得成功,销售知识是极其关键的。利奥塔论断:权力和知识是同一问题的两面——谁决定知识是什么?谁知道需要决定什么?

当代社会是买方市场,知识市场也不能避免。那么,知识/权力似乎已经完全从知识分子手中让渡出去,而转移到购买者的手中。从这个意义上讲,知识分子政治化过程就是知识市场化过程。这一过程无法避免,也无法回头。因此,当有人引用尼采的论断评价本雅明:“他的时代还没有到来!”我们要说,他的时代已经过去。

另外,知识分子需不需要对自身地位的自觉?这一问题,应该引起知识分子的关注。从这一点讲,对本雅明之死,我们起码需要一点基本的“兔死狐悲”的想法。按照辩证法,在某时某地,他们还会重生。值得我们思考的是:为什么社会不能给自由知识分子一个稳定的空间,让他们自由地发挥?毕竟,在这个社会中,许多人群生存的合法性一样没有真正辨明。

三

新技术治理

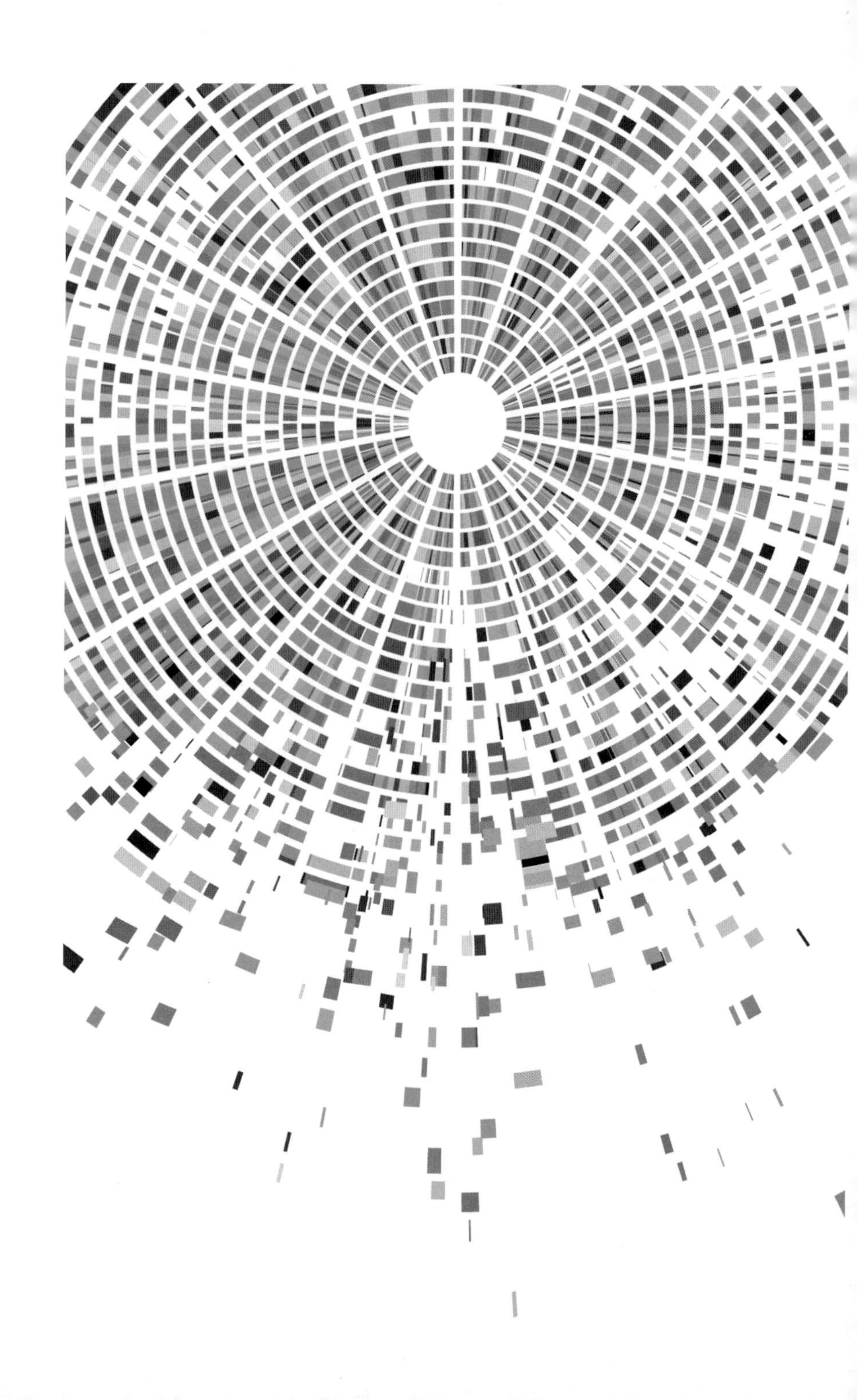

技治社会的来临

在过去的几年中,之所以集中研究技术治理理论,是因为从根本上我认为当代社会已然是技术治理社会。因此,才着力尝试从 STS (Science & Technology Studies)的角度,建构(或者说重构)一套成体系的技术治理理论,以理解当代社会的这个重要侧面,并在此基础上探讨引导技术治理向好的方向发展的可能性。

何为技术治理呢? 自哥白尼革命起,现代自然科学技术大兴,催生工业革命、电力革命,极大地彰显了科学技术改造自然界的巨大威力。很自然地,19 世纪中叶,一些思想家就想到:应该把威力巨大的现代科学技术成果运用于社会运行当中,提高整个社会的运行效率,以造福社会公众。这就是我所谓的技术治理的主旨。

之所以称之为"技术"而非"科学"治理,一是因为 19 世纪下半叶以来科学与技术已然一体化(现在有些人比如德国学者诺德曼[Alfred Nordmann]认为,当代科学已经基本成为"技术化科学[techno-science]",应该把科学纳入技术的范围内,对此我不能完全接受),因而人们很容易理解:使用"技术"这一称呼时,必然牵涉科学问题,并不把"科学"视为某种与技术隔离的东西——而在历史上这种隔离长期存在,但早已不再是当代科技的特点。二是"技术治理"这一术语讨论的主要是科学技术成果运用于公共治理领域之实践问题,而不是"科学”一词容易让人们想起的真理、知识与客观性问题。

在思想史上,支持技术治理的技治主义主张非常多,可谓是蔚然大观,又歧义纷呈。其中,最重要的主干包括:

(1)技术统治论(Technocracy)传统。这一传统从培根、圣西门、孔德到凡勃伦、布热津斯基、丹尼尔·贝尔等人,蔚为大观。

(2)泰勒主义(Taylorism)传统。这涉及泰勒及其门徒的科学管理思想,以及泰勒主义对列宁、斯大林的影响,尤其是泰勒主义对公共行政运动代表人物如威尔逊、古德诺等人的影响。

(3)倾向于技术决定论的制度经济学派的技术治理思想,主要包括罗斯托、加尔布雷斯等人的观点。

(4)社会统计学派与社会物理学派的技术治理思想。政治算术学派主张用观察和数据等方法对社会经济现象进行研究,国势学派主张以大事与政策记述国家发展,与政治算术学派发生争论,最终德国社会统计学派的兴起结束了上述争论,逐渐使得社会统计学成为一门社会科学。社会统计学与最新的社会物理学、计算社会学研究关系紧密。

除了主干之外,重要的思想资源还包括:(5)逻辑实证主义的社会理想,包括纽拉特、卡尔纳普和齐尔塞尔等人的技术治理思想;(6)操作主义的政治构想研究,涉及布里奇曼、西蒙等人的技术治理思想;(7)行为主义心理学的社会工程思想,涉及冯特、华生、斯金纳等人的观点;(8)科学宗教的思想,涉及从新基督教(New Christianity)、人道教(Religion of Humanity)到山达基教(Scientology)的赋予科学以宗教内容的信仰主张。新近兴起的山达基教是一种与信息通信技术、控制论、人工智能和人体增强技术等发展相关的极端科学主义的宗教思潮。

技术治理并不止于一种观念或理论,而是在现实的政治实践中引发了技术治理运动。比如,20 世纪 30—40 年代,受到凡勃伦等人思想的影响,以美国和加拿大为中心发生了北美技术统治论运动(American Technocracy Movement),由激进派的斯科特和温和派的劳滕斯特劳赫、罗伯等人领导,影响了胡佛和罗斯福两届政府的施政活动,之后美国的行政活动日益成为某种技术性事务。直至今天,运动的领导机构之一技术统治论公司(Technocracy Incorporated)还在坚持。北美技术治理运动一经产生,就影响了中国当时的南京政府。南京政府接受和采取了一些技术治理的措施,为抗战救国服务。

再比如,在列宁时代,苏联就很重视泰勒的科学管理理论的推广和运用,出现了帕尔钦斯基和恩格迈尔等著名的技治主义者。20 世纪 60—80 年代,苏联统治者一直试图推广"控制论运动",建立全国性的自动化和互联网系统,对整个计划经济进行全面控制。20 世纪 70—80 年代拉美社会主义运动中,也出现了运用控制论和互联网的技术治理运动,比如智利阿连德政府曾实施的"赛博协同工程"(Project Cybersyn)。

此外,中国过去四十年间取得的举世震惊的成绩,让"中国模式"(China Model)或"中国道路"(China Way)研究在国际上越来越热门,一些海外学人将中国成功经验归结为某种技术治理实践,即所谓"技治中国论"。如受到广泛关注的《中国模式:精英政治与民主的局限》一书,将"中国模式"归纳为一种"底层民主制、中间实验和顶层精英制",同时具有明显技术治理色彩和儒家色彩的精英制。当然,这种观点是有严重问题的,但是无论如何,对当代中国发展的关注也促使技术治理研究逐渐成为热门的理论问题。

21 世纪之交,技术治理已经成为公共治理领域一种全球范围内的普遍现象,我称之为“当代社会的技术治理趋势”:无论是发达国家,还是发展中国家,当代社会运行的科学技术化趋势日益彰显。在社会治理诸领域如公共治理、政府活动、企业管理以及非政府组织(NGO)事务中,运用理性化、专业化、数字化、程序化乃至智能化的技术原则和方法日益成为主流,“社会技术”“社会工程”和“科学管理”等相关理论术语日益为公众所接受。当前,物联网、大数据以及人工智能等新技术的蓬勃发展,智能社会呼之欲出,正在加快技术治理在全球范围内的推进。从这个意义上说,当代社会已经成为技术治理社会,这是现代以来社会理性化的必然趋势。

技治社会的到来,与生产力发展到这样一个阶段有关:科技生产力生产的物质财富已经能够完全满足社会成员舒适生活的需求,于是问题不再是生产更多的商品,而是如何合理地分配它们——我愿意追随加尔布雷思称之为的“丰裕社会问题”。技治社会的到来,与人类对自身认识的根本性转变是一致的:人对自身的认识,或者说人的形象,不再由哲学、文学,更不由宗教、神话来主宰,而是越来越多地由科学来勾勒。我称之为“科学人的诞生”,这意味着作为待治理之对象已然成为人的本质规定性。同自然治理不能容忍荒野一样,人之治理不再能容忍野蛮。技治社会是实验室逻辑向全社会扩散的结果,这导致它具有一些全新的特点,比如专家权力的急剧扩张等。

我对技术治理的定义是,在社会运行尤其是政治、经济领域当中,以提高社会运行效率为目标,系统地运用现代科学技术成果的治理活动。技治主义则是指那些支持技术治理的系统理论,种类繁多,差别很大,但都坚持“技术治理二原则”:(1) 科学运行原则,即以科学原理和技术方法来治理社会;(2) 专家政治原则,即让受过系统自然科学教育的专家掌握权力。

在实践当中,技术治理的主题或主要战略措施包括:(1) 社会测量,即对社会物质财富和精神财富进行调查和统计。(2) 计划体系,即运用计划手段,既包括国家计划、社会计划,也包括企业计划,在相对较大的范围内尽可能地对生产和分配活动进行统一的配置和安排。(3) 智库体系,即制度性地将政治权力的一部分通过智库方式交由专家掌管,实施一定程度、一定范围的专家政治。(4) 科学行政,又称为行政科学化。(5) 科学管理,这里指的是企业、公司和非政府组织的理性化。(6) 科学城市或“工程城市”(engineering city),城市已然成为人类居住的主要场所,科学地建设、运行和维护城市运行的各个方面,如能源、交通、治安、物资、垃圾处理和环境保护等。(7) 综合性大工程,这种工程不仅涉及自然改造,还涉及人口、社会、文化和环境等诸多社会因素,既是自然工程,也是社会工程。

在“技术治理二原则”之中,科学运行原则是实质原则,而专家政治原则是形式原则,专家执政并不一定等于科学执政,以科学为名的治理并不一定等于技术治理,而可能是我所谓的打着科学旗号的“伪技术治理”。在技术治理时代,伪技术治理现象大量存在,比如苏联以科学管理为名的极权主义统治,又比如“假智库体系”,实际上是政策论证学,而不是真的科学建议。从某种意义上说,伪技术治理是对科学的误读,尤其是将科学理解为控制术。关于这一点,敌托邦小说《美丽新世界》有很好的说明:在其中,科学被阉割、被异化,被统治者视为控制术。

在当代,受过系统自然科学教育的专家不止于理工科的毕业生,专家的范围必须包含自然工程师和社会工程师,后者如经济学家、管理学家、职业经理人、银行经济学家、统计学家、心理学家、精神治疗师、经济分析师乃至实证社会学家等,他们掌握的知识可以被称为社会技术。反过来,自然工程师如果参与技术治理活动,不能只了解自然科学知识,而是应该通过工程教育了解相关的伦理、政治和人文知识。工程师与纯粹学者的区别在于参与具体的社会运行实践,因而专家政治的主力是工程师。从理想状态而言,我主张尽量消除文理之间的隔阂,培养通识型的工程师,这可以称之为“专家消解方案”。其中的要点有两个:一是“泛专家”主张,二是工程师人文教育的主张。

实际上,在西方,技治主义思想一经产生就引起了各种各样的哲学批评。人文主义者如芒福德、波兹曼指责技治主义者把人视为机器或其上的零件,把人变成机器的奴隶。自由主义者如哈耶克和波普尔谴责技治主义侵害个体自由,必然导致专制和独裁。西方马克思主义者如马尔库塞、哈贝马斯和芬伯格认为技术治理并非阶级中性的,它帮助资产阶级压迫无产阶级,为维护既有的资本主义制度服务。历史主义者如福柯、相对主义者如费耶阿本德反对科学优于其他知识的观点,反对将自然科学方法论应用于社会科学和社会实践,主张方法、知识、文化和治理的多元论,打破既有的国家与科学的紧密勾连关系。至于卢德主义者如凯德、专家阴谋论者如伍德,在底层和民间一直存在,主张“停止科学”“砸烂机器”“警惕专家”等,传播某种机器毁灭世界的末世情绪。美国总统特朗普就是典型反技治主义者,排斥专家参与政治,声称“专家都是骗子”。

为什么反技治主义在当代西方社会中非常流行呢?应该说,原因错综复杂,至少包括:第一,“科学敌托邦”式的科幻文艺作品在当代西方的流行;第二,激进技治主义者给西方民众留下了极其深刻的坏印象;第三,反科学思潮在西方的兴起,最终在20世纪90年代引发科学大战(Science Wars)。但是,技术治理的批评者往往认为,技术治理的唯一目标是我称之为“机器乌托邦”的总体化社会工程,没有别的可能结果,而且一经启动就要全面颠覆既有社会制度,必然走向机器乌托邦,即整个技术治理社会的目标就是成为一架完整、严密和强力的大机器,每个社会成员均沦为社会机器上的一个随时可以更换的小零件,和钢铁制造的零件没有实质的差别。也就是说,技术治理是不可以被选择、调适和控制的。

我认为这种观点是错误的。显然,上述观点认为技术发展不受人左右。大家知道,技术哲学关于技术自主性是有争论的。工具论者认为,技术只是一种工具,并无价值属性。实体论者认为,技术不仅是目的,而且自有其目的、道路和发展模式,人类无法改变。在我看来,问题的关键在于:人是否对控制技术有信心。工具论和实体论都是哲学观念,并不是如自然科学一般的客观规律,两者之间并没有对错之分,坚持哪一种观念其实是一种价值选择。我倾向于技术工具论,或者说我对于控制技术充满信心。在我看来,技术的实体论是一种新的神学,旧神学说上帝决定了人类的命运,新神学说技术决定了人类的命运。而我认为,人类的命运在自己的手中。

因而,我认为技术治理的运行模式是待确定的(uncertained)。在坚持“技术治理二原则”的前提下,技术治理并非只有一种可选择的模式,并且即使是同一种模式,在不同的历史语境下,在不同的地区、文化、习俗和民族性之中,它的运行也会有很大的不同,我们实际是可以根据不同的情况对技术治理的运行模式进行一定程度上的设计、调整和控制的，这就是我所谓的“待确定”的意思。

而实际发生的技术治理运动中，激进的总体主义乌托邦主义者是很少的，大多数的技治主义者都是温和派，积极与政府合作，努力用专业技能改善政治活动和公共治理。前述列举的北美、苏联和智利的技术治理运动，都得到了政府的大力支持，在既有的社会基本政治框架下实施。技术治理的实践者们提出的许多措施如社会测量，已经得到了普遍的认可，成为当代公共治理活动的基本措施，促进了社会进步。

在中国，无论是在民国政府时期，还是改革开放的40年间，一定程度的技术治理对社会发展都起到了有益的作用。过去40年间，工程师、专家和知识分子的活力被激发，在一定程度上为中国的政治体制增添了强大的活力。对知识分子政治地位和作用的强调，也有利于提高知识分子的待遇，保障知识分子应有的尊严，避免类似“反右”的惨剧再次发生。

总之，技术治理并不只有“机器乌托邦”这一种模式，在历史上有许多其他的不同实施模式，很多都能与具体的社会现实结合得很好，比如源自罗斯福新政（New Deal）的智库模式。因此，把技术治理等同于“机器乌托邦”，是一种未经深思的偏见。

因此，我所谓的技术治理理论，并非是简单支持或反对技治主义的理论，而是一种理解、选择、调整和控制既有技术治理实践的理论。我们不能任由技术治理自生自灭，而是要将之引导到有利于社会福祉的一面。反技治主义者的批评意见，很多言过其实，但有些批评意见值得认真地对待，在重构技术治理模式中需加以注意，尤其是要防范出现“机器乌托邦”的风险。

技术治理的模式选择本质上是政治问题,而不是纯粹的技术问题。对此,我赞同制度主义的立场,即依靠制度设计来控制技术治理的运行,尤其是防范技术治理的风险。当然,制度是伦理、风俗、习惯、文化和传统沿革的产物,制度设计不等于乌托邦推演。在这一点上,我同时赞同哈耶克和波普尔的观点:前者认为制度是进化的结果,后者认为局部社会工程可以用于消除明显的社会之"恶"。所以,我并不认为制度主义与伦理主义、历史主义相冲突。

技术治理并非是科幻电影中想象的无坚不摧的利器,它的运行必须包容反治理和再治理机制,在受控制中运行。权力作用必然伴随着反抗行为,技术治理行动免不了伴随着反治理行动。反治理研究的主旨并不是要铲除反治理,而是要理解和控制反治理,实现治理与反治理的一定阈值的平衡。

举智能治理为例,技术反治理问题主要包括:

(1) 技术低效。公共治理智能化是否真的提高了治理效率?这个问题必须放在不同语境中认真地分析。有人认为,目前智能技术在法院、行政机关的理性审核、裁决当中的应用,在很多方面并没有提高效率,产生的问题比解决的更多。

(2) 技术怠工。比如,借口学习新的智能技术来怠工,利用新的信息技术将大量本应由基层处理的决策任务推给领导者,等等。并且,智能治理会加剧"动因漂移"现象,即将很多问题交给智能技术处理,出现问题的时候则可以将责任推给技术设备,此时责任问题变成了应该升级智能设备、程序和算法的问题。

(3) 技术破坏。存在自上而下的智能强制,就存在自下而上的智能破坏。在电子监控中,既存在公权力压倒性力量,同时也有民众的网络监督、信息披露、"人肉搜索""网络水军"甚至网络造谣。利用智能技术的欺诈和犯罪也已经出现,比如智能合成语音诈骗、3D 建模动图解锁人脸识别系统、智能垃圾电话,等等。

(4)技术官僚主义。在现实公共治理活动中,对信息的关注恰恰增加了管理信息量,制造出许多原本没有的待处理信息,比如智能技术制造出城市管理中水电气、交通、人流等信息。并且,越来越多的信息与智能化,催生出的新问题又需要官僚主义加以应对,导致官僚机构的不断膨胀。在这种情况下,官僚主义和官僚机构的限制、优化和精简将变得更加困难。并且,官僚机构在智能化中的专业狭窄的情况下会更严重,官僚们囿于部门视野当中,无法把握公共治理的整体状况,这在"智慧城市"治理当中已经发生。

(5)过度治理。技术反治理是不可能完全铲除的,这种企图会导致技术治理机制的崩溃。现代治理的最大特点就是全覆盖性,即使用强制力不等的学校纪律、公司规章、政策命令、治安条例和法律,对所有违纪、违规、违法的社会偏离行为进行处理。实质上,它假定没有绝对合乎所有标准的人。但是,这种假定是一种理想型(ideal type)或者方法论,在现实中只能在一定程度上付诸实施,否则就会出现过度治理的问题。比如,在电子监控问题上,并非越多越细就越好。实际上,很多社会参数是没有必要获取的,很多违纪违规行为应该交还道德领域,甚至要被社会所容忍。过度监控就可能成为阻碍治理的反作用力,浪费人财物,陷于信息过载之中,严重降低智能治理的效率。

技术治理实施过程中存在诸多社会风险,其中最大的政治风险在于:专家权力过大,威胁民主和自由,极端情况下可能导致"机器乌托邦"。所谓技术治理的再治理,就是思考以何种制度设计防范专家权力过大。其核心问题包括:其一,划定专家权力范围;其二,权力越界的纠错制度。我认为,技术治理中的专家权力应限于政治权力的一部分,尤其是建议权和实施权之中。而一个健全社会,应该是学术权力、NGO(非政府组织)权力、经济权力、宗教权力与政治权力并行的多元社会。再治理机制是技术治理不可或缺的组成部分,可以防范技术治理与极权主义结合走向机器乌托邦。机器乌托邦笃信总体主义、机械主义、极权主义和经济主义,实质是技术治理走向技术操控,通过规训和洗脑为维护极权统治服务。技术再治理要针对机器乌托邦的特点,设计有针对性的制度预防措施。实际上,治理与操控的区别不仅对于再治理很重要,在技术治理各个领域的实施当中都会有重要的指导意义。

将智能新技术、生化新技术等高新科技用于极权主义操控,有多大可能成为现实呢?对人的极权主义的科学操控方法主要包括两种:一是运用科技手段操控人的行为的规训技术,二是运用科技手段操控人的思想的洗脑技术。规训技术只要求行为合规,并不着力于人的思想改造。虽然智能技术和生化技术在规训和洗脑中均可以得到应用,但总的来说,智能操控长于规训,而生化操控则长于洗脑。规训和洗脑并不是现代科技产生之后才出现的,但成为大规模运用的社会技术是始于20世纪。智能操控和生化操控只是采取了最新的科技手段,但由于好莱坞科幻电影的虚构和神化,科学洗脑和科学规训成为公众中的传奇故事和"专家阴谋论"(expert conspiracy theory)中不可或缺的元素。实际上,文艺作品中所想象的无往不利的科学洗脑和规训是不存在的,智能操控和生化操控的科学性有很大的问题。

并没有证据表明科学规训和洗脑的效果比传统的非科学极权操

控更有效。智能操控和生化操控的神话,之所以在好莱坞文艺作品中盛行,原因主要在于:(1) 商业考虑。耸人听闻的恐怖故事显然会比皆大欢喜的幸福故事更卖座,并且,恐怖故事可以是千奇百怪,充分发挥编剧的想象力,而幸福故事总是千篇一律。(2) 意识形态攻击。在冷战时期,好莱坞塑造的反派总是充满意识形态的色彩,显然这是把敌人描绘为残忍而无下限的形象。研究表明,美国中央情报局对苏联和朝鲜在心灵控制研究方面的信息,基本都是想象的谣言和不实的数据。(3) 种族歧视。作为邪恶大反派,傅满洲可能是西方通俗文艺中最著名的华人形象之一,是“黄祸论”(Yellow Peril)歧视华人的拟人化形象。

当然,这并不是说极权主义操控不可能发生,而是说它不是必然发生或已经发生。对于具体的新技术治理手段,如智能治理和生化治理,也要深入研究它们的特点和规律,其中一个重要的问题是区分智能技术和生化技术应用于公共治理活动中的治理与操控,不能因为反对科学操控而反对一切新技术在公共治理领域的应用。在实践之中,治理与操控的区分在不同的文化中是有差异的,并且随着时代的发展有所变化。在社会现实中,很难给出普遍的标准来区分教育与洗脑、引导与规训,以及“优生学”与提高人口素质,这不仅涉及治理行为背后的目的,还涉及它所采用的手段,只能在具体的社会语境中加以冷静、客观和谨慎的审度。

但无论如何,必须使用民主程序在制度上来仔细辨别治理与操控,不能简单地拒斥或赞同,这样才能为防范出现权力过度集中风险的制度建设指明方向。简单地拒绝技术治理是错误的:一是因为它已经是不能视而不见的普遍现象,而且未来将更深入地发展;二是因为它的正面价值是很明显的,比如智能城市、智能安保和科学行政,不能只盯着它的负面问题。在我看来,更重要的问题是根据技术治理的规律对它进行引导,兴利除弊。一直以来,社会主义都重视技术治理,它可以为中国特色社会主义建设事业所用,基尔特社会主义、奥地利马克思主义以及苏联的故事可以为之佐证。改革开放 40 年,发挥了科技和科技专家的作用,证明实行一定程度的技术治理对于当代中国的发展有一定的积极意义。

技术时代的治理变革

新型冠状病毒肺炎疫情全球暴发，各国对疫情的应对尤其是中国的突出表现，生动地彰显出技术治理在应对日益复杂的社会问题和公共危机中的巨大威力。技术不仅应该用于改造自然界，还应该运用于社会治理当中，这已经成为技术时代的基本观念。虽然一些人心存疑虑，但包括中国在内，技术治理已成为技术时代全球范围内社会组织与运行的根本趋势。因此，哲学要把握当代社会发展趋势，就不能不反思技术时代的治理变革，尤其要理解技治社会的运行方式以及技治社会中知识与主体的历史境遇。

理解技治社会的兴起

近年来，物联网、大数据、云计算、虚拟实在、区块链以及人工智能等信息通信新技术蓬勃发展，加速推进技术治理深入渗透到社会运行的方方面面。从社会治理变革的角度来看，当代社会正在迈入技治社会。这是现代启蒙观念从自然治理向社会治理的历史扩展，亦是人类社会现代以来不断科学技术化的必然结果。技治社会方兴未艾，未来它会走向何处，会产生何种冲击，以及如何应对冲击，如何优选适应国情的技术治理模式，需要哲学家进一步观察和反思。

首先,技治社会是具备足够社会自觉的智能社会。所谓社会自觉,指的是技治社会运用技术手段收集各种数据和信息,对社会的即时状态有足够的“了解”,并在此基础上“思考”社会发展方向。

当情况变化、出现问题时,技治社会能迅速“感受”到内外刺激,迅速做出技术化的操作反应。这既与传统社会盲目而“本能”的应对方式不同,也与工业社会看似理性但实际上对真实状况缺乏足够了解的应对方式不同。隐喻地说,技治社会真正像有机体一般具备足够的“智能”,能完成适应性的刺激—反应的“类生命”行为。

其次,技治社会是大规模预测、规划和控制的控制论社会。为了提高社会运行效率,就必须减少未知以控制风险。在很大程度上,技治社会不再是自发而是有目的有计划地前进。即使社会的实际发展与最初的社会规划并不完全吻合,也不能改变技治社会不断实施大量不同范围的社会测量、预测和计划,并不断接收计划实施的反馈信息以调整各种控制行为。技治社会的社会目标会根据具体情况不断修正,因而它并不是有着既定蓝图的乌托邦社会。换言之,它的主旨并非迈向某种理想状态,而是要实现对社会运行的控制。

技治社会运用各种技术手段努力减少对包括人在内的世界的未知状态,朝着对自身的即时、连续、全面认知的方向前进,进而通过计算分析、反馈规划和公共治理,减少浪费、失误、偏差和偶然性,控制社会风险,提高社会效率。

再次,技治社会是科学运行和专家治理的技术决定论社会。技术发展在何种程度上决定技治社会的发展还有待观察,但乐观的技术决定论肯定是技治社会最重要的意识形态观念。

无论实施何种技术治理模式,技治社会必然坚持科学运行和专家治理两大基本治理原则,前者主张用科学原理和技术方法来运行社会,后者主张由受过系统科学技术教育的专家掌握更多的治理权力。因此,技术知识生产部门如政府研究部门、大学、研究所、研发中心和计算中心成为技治社会的核心结构,而技治国家亦不能放任技术自由发展,对科学技术发展进行预测、规划和控制成为控制论社会的基础性任务。

最后,技治社会是富裕与风险并存的政治经济学社会。技治社会的到来,意味着科学技术的运用使得社会生产力发展到新的阶段,即劳动者生产的物质财富已经完全能够满足每个社会成员舒适生活的需求——这一点在自动化和机器人的爆炸性推进中愈来愈明显——富裕社会问题不再是如何生产更多的商品,而是如何公正而合理地分配它们。显然,它并非纯粹的经济问题,必须与完善的政治制度相结合才能妥善地解决。

技治社会充满更多的社会风险,尤其是政治风险,比如专家权力过大。并且,新技术手段在控制风险的同时,也增加了危机一旦爆发的危险性。如果不是借助快捷和便利的全球交通运输网络,新冠病毒不可能在极短的时间内成为全球性瘟疫。总之,更多的社会控制与更高的社会风险是技治社会不可分割的两面。

技术治理与知识的命运

科学运行原则是知识方面的要求,而专家治理原则是主体方面的要求,技术治理将知识与主体在治理活动中结合起来。从知识角度来看,很多学科知识可以运用于治理活动中,以不同学科作为基础的治理方案各具特色。

以物理学为基础的技治方案,如斯科特(Howard Scott)的"高能社会",往往将现代社会视为能量转换和利用的大机器,主张通过社会测量查明整个社会的能量状况,进而实现生产和消费的物理学平衡,给社会成员提供舒适的物质生活。

以心理学为基础的技治方案,如斯金纳(B. F. Skinner)的"瓦尔登湖第二"社区,最大的特点是用心理学方法对社会成员的情绪和行为进行一定程度的管理、改造和控制,消除不利的心理状态,鼓励有利的个体行为,使之符合技术治理的总体目标,从而提升整个社会的运行效率。

以生物学为基础的技治方案,如威尔斯(H. G. Wells)的"世界国",主张用生物学的方法提升社会成员的身体和精神两方面的状态:未来的人类不仅道德水平极高,人性也与今日迥异,身体素质和智力水平也将远迈今日,在此基础上技治社会得以高效运转。

以管理学为基础的技治方案,如伯恩哈姆(James Burnham)的"经理社会",主张用专业的管理技术来运行整个社会,包括公司、政府和其他社会组织机构,摆脱所有者对实际经营者的干扰,组织和协调治理活动所涉及的诸种人财物因素,扩展国有经济,融合政治与经济,交由职业经理人管理。

以经济学为基础的技治方案,如纽拉特(Otto Neurath)的"管理经济社会",强调在更大范围实行中央计划调节,有规律地进行生产而非依赖盲目的市场调节,并以经济计划为核心实施各种社会工程,不断对整个社会进行改良,最后走向社会主义。

无论哪一种治理技术,都必须精确地把握治理对象的即时信息。

智能革命兴起以来,技术治理逐渐以信息技术和智能技术为基础,将各种科学原理和技术方法综合运用于治理活动中。

在技治社会中,技治知识主要运用战略包括:(1) 社会测量,即对社会物质和精神状况进行调查和统计;(2) 计划体系,即运用计划手段,既包括国家计划、社会计划,也包括企业计划,在相对较大的范围内尽可能地对生产和分配活动进行统一的配置和安排;(3) 智库体系,即制度性地将政治权力的一部分通过智库方式交由专家掌管,实施一定程度、一定范围的专家参与决策;(4) 科学行政,又称为行政科学化;(5) 科学管理,这里指的是企业、公司和非政府组织的理性化;(6) 科学城市(或工程城市),即科学地建设、运行和维护作为人类主要居住场所的城市,如能源、交通、治安、物资、垃圾处理和环境保护等;(7) 综合性大工程,这种工程不仅涉及自然改造,还涉及人口、社会、文化和环境等诸多社会因素,既是自然工程,也是社会工程。显然,信息—智能技术平台在上述战略中均非常重要,从总体上提升局部社会工程的效率,改变技术治理运行的形式,可以将之称为“智能治理的综合”。

在技治社会中,人们的知识观念将发生重要改变。

首先,知识日益实用化。技治知识生产的目标是效率,而非传统意义的真理。或者说,知识有用才是知识,科学、真理与价值、善直接结合在一起。

其次,知识日益操作化。技治知识导向治理行动,控制代替理解,成为技术化科学(technoscience)的目标。此时,真理在很大程度上等于可操作性,通过改变自变量求得相应的行为结果。

再次,知识日益权力化。传统观念将知识视为独立于权力和政治的中立性力量,而技治知识是与治理行动紧密连接的,更多知识意味着更大的行动力量。在技治社会中,对知识的传统真理尊崇将逐渐消失,代之以对知识力量的威权尊崇。

最后,技术知识日益泛化。当社会行动强调以技术的名义获得合理性时,形形色色的技术知识必然暴涨,各个领域都将涌现出大量新技术,技术与技艺将很难区分。并且,以技术为名的"伪技术治理"现象会日益盛行:打着技术的旗号,实际上并不运用科学原理和技术方法。

技术治理与人类的命运

随着技治社会的不断推进,人类对自身的认识逐渐发生根本性的转变:人的形象或人学,不再由哲学、文学或宗教、神话来勾勒,而越来越多地由科学技术来阐释,可称之为"科学人的诞生"。此时,主体的行为和情感在很大程度上被还原为与物理、化学、生物和环境等诸变量相一致的函数关系。由此,"科学人"意味着主体同时是遵循操作规则的可治理、待治理之对象,这是技治社会中人的根本规定。也就是说,所有人都可以根据同样的技治知识而被预测、改造和控制,而且也应当被控制,融入整个社会的效率目标当中。如果自然之技术治理不能容忍荒野,人之技术治理不再能容忍野蛮,那么自然与主体之绝对自由在观念上同时受到挑战。实验室逻辑扩展至自然界造就人工自然,渗透到社会塑造成技治社会,于是整个人类世界在某种意义上成为巨大的社会工程实验室。

在技治社会中,人人都在技术治理之中,既包括治理者,也包括被治理者。要使治理运动朝着运行效率提高的方向前进,既可以用技术方法训练出更适于治理的被治理者,也可用技术方法挑选更适于控制他人的治理能动者(agent)。治理与被治理不可分,同一个主体有时是治理者,有时又是被治理者。通过训练被治理者实现技术治理,可以称之为“能动者改造路径”;而挑选专家实现技术治理,可以称之为“专家遴选路径”。当然,更多的时候是将被治理者规训与治理者优选同时结合起来。

从理论上,“能动者改造”可以运用多种技术手段,沿着不同的思路加以实施,比如用技术方法改善个体道德水平的人性进步思路、用技术方法调节个体心理状态的情绪管理思路、用技术方法控制个体行为的行为控制思路、用技术方法增强能动者的身体和智力的人类增强思路,以及用技术方法塑造协作、利他和高效社区的群体调节思路。总之,技术治理认为存在着更好的被治理者,人类应该一代代向前进化,而不是停留在亘古不变的永恒“人性”之中。显然,技治主义者如果追求完美被治理者,很容易陷入专制的危险之中。

技术治理的“专家遴选路径”亦包括许多方法,根据所选的专家主要可以分为:(1) 工程师领导,包括自然工程师和社会工程师;(2) 知识分子领导,包括科学家、技术专家、社会科学家和人文知识分子;(3) 管理者领导,包括高中低不同层级的职业经理人和管理人员;(4) 经济学家领导,主要指的是社会宏观经济运行方面;(5) 理想中的德才兼备的领导者,如威尔斯在《现代乌托邦》中设想的“武士”阶层。因此,在技治社会中,专家并非经济和政治地位相同的“新阶级”,而是目标分歧的异质性群体,内部存在着不同的目标、价值观、矛盾冲突和专家层级。

随着技术治理的不断推进,许多与人类命运息息相关的新问题将不断涌现,需要哲学进行批判性地反思。比如专家与大众、政治家之间的关系如何处理,应当赋予专家何种权限,如何设置专家认证资格和晋升标准,人的自由与技术治理之间如何平衡,民主制如何约束技治制,智能技术在治理运用中的风险,等等。2017 年,国务院颁布的《新一代人工智能发展规划》提出:“妥善应对人工智能可能带来的挑战,形成适应人工智能发展的制度安排。”对于这些问题的哲学思考,必须结合中国国情,以问题学而非体系化的方式来进行,形成某些经验化的对策意见。

无论如何,面对技治社会的兴起,当代哲学不能不给予足够重视。知识和人是哲学反思的焦点。技术时代的到来,科学被理解为技术化科学,知识旨趣趋向控制,人被理解为“治理人”,整个社会的组织和运行方式发生着深刻的技术性升级,治理问题应该成为当代哲学反思的重要问题。

智能社会与技术治理

近来人工智能(AI)大“火”,很多人因此提出,智能革命兴起,当代社会开始进入智能社会。究竟什么是智能革命和智能社会,大家却众说纷纭。

从字面上看,智能革命指的是智能技术的急速推进和运用,给当代社会尤其是技术—经济领域带来的重大变革,而智能技术一般包括互联网、物联网、大数据、云计算、虚拟实在(VR)、区块链和人工智能等信息通信技术(ICT, information and communication technology)的最新进展,均与所谓“机器智能”的概念相关联。智能社会论者认为,智能革命对社会的影响是如此之大,以至于最终导致总体社会形态未来将发生整体性变革,智能社会随之来临。因此,简单地说,智能社会就是以智能技术为主导性技术基础,被智能革命全面影响、改造和定型的社会。

因此,“智能社会”是基于智能技术发展的未来愿景而提出的,今日至多能说智能社会正在到来,而不能说已经完全到来。也就是说,它是一个预测性的概念。未来如何可能被科学地预测?至少有两个原因保证未来预测的可能性。

首先,预测未来在很大程度上等于反思当下。科幻小说家 H. G. 威尔斯说,存在着面向过去和面向未来两种不同的思维方式,后者是现代思维,前者是传统思维,中国人只会面向过去思考。威尔斯说的不对,真正理性而有根据的思考只有一种:对于当下历史境遇的思考。无论以未来—先知的口吻说话,还是以过去—长者的口吻说话,我们实际上谈论的都是现在。

其次,预测未来在很大程度上等于控制当下。社会学家丹尼尔·贝尔归纳了既有社会预测的 12 种方法之后,承认确凿的社会预测实际上是不可能的,或者说它只能以一种方式可能,即通过社会控制而完成社会预测。对未来的预测必然会影响当下的行动,而这些行动会促进预测结果的出现,比如大家都预测某种股票会大涨而买进,最后它果然大涨了。在很多时候,尤其是认知和实践都有保证的时候,影响未来会升级为控制未来,以保证某种结果如预测般的到来。智能技术大规模应用,使得控制未来日益成为可能。

同时,"智能社会"又是一个现实性的概念,因为智能技术的社会影响已经开始显现。

在日常生活层面,智能家居、智能出行等智能生活方式出现,个体日常行为和生活习惯慢慢发生变化,比如行为计划性增强,随意或突发性减少,在某种程度上自主性减弱。在组织机构层面,智能技术开始改变企业和政府的活动方式,比如智能物流、无人超市、无人宾馆和无人工厂出现,非政府组织(NGO)和民间社团正在获得更大的力量。

在社会组织方面,智能技术正在影响社会组织方式,比如新冠疫情中"健康码"对社区组织的改变,网上教学推广对教育组织的改变,社区、治安、医疗、养老和育婴等活动都慢慢地被重新组织。在社会意识方面,智能技术的推进会慢慢改变诸多社会思想观念,比如智能技术正在改变学院传承式知识生产和传播模式,进而深刻改变社会一般知识观,再比如隐私观念和权利观念也会在智能革命中逐渐变化。

从更大的背景看,智能革命开始对全球化、信息化和现代化发生重大的影响,比如导致全球化进程加快,产业转移、升级和资源配置将在全球范围内以更大的规模发生,再比如“无人战争”已经引起各国的重视,必将改变国际政治关系。总之,智能技术对社会的影响不是零星的,而是开始在社会的各个层次和领域中显现。

智能社会与传统社会的区别究竟在哪里?智能社会被称为“智能”的,是拟人化的隐喻用法,即社会像有机体一般具备了某种“智能”:在社会自觉的基础上完成刺激—反应的“类生命”行为。所谓社会自觉,指的是智能社会可以通过技术手段收集关于自身的各种数据和信息,对自身的即时状态有一定程度的“了解”,并在此基础上“思考”自身发展的问题和方向。当智能社会出现各种问题和变化时,比如新冠病毒冲击,它能迅速感受到内外的刺激,在“思考”的基础上做出反应,并不断接收反馈以调整反应行为,这与传统社会盲目、“本能”的应对方式是根本不同的。因此,一定程度的“自觉”是智能社会的根本特征。

1973 年,在《后工业社会来临》中,丹尼尔·贝尔讨论了知识社会和智能社会。他所列举的智能技术,主要包括信息论、控制论、决策论、博弈论、效用论、随机过程、线性规划、统计决策链、马科夫链式应依法、蒙特卡洛随机过程、极大极小解、概率论、集合论、决策论、博弈论,以及计算机技术等。他之所以将这些理论称之为智能技术,是因为他将智能技术理解为以计算机为基础的研究复杂技术—社会问题的技术,尤其是进行社会测量、预测和控制,属于社会技术,不同于纯粹的自然技术。贝尔的理解不同于今天“智能技术”的用法,但他深刻地把握了智能社会以技术手段来测量、预测和控制自身发展的本质。

在社会运行尤其是政治、经济领域当中,以提高社会运行效率为目标,系统地运用现代科学技术成果的治理活动,我称之为技术治理。显然,智能社会是典型的技术治理社会。实际上,19世纪中叶,就有一些思想家提出:现代科学技术改造自然的威力巨大,应该运用于改造社会,以增进人类福祉。之后,技术治理思想连绵不绝,并被实践家们运用于实际治理之中,比如以泰勒主义为核心的科学管理运动,主旨就是将物理学、机械力学等相关原理、方法和成果运用于劳动场合尤其是工厂中。到了21世纪之交,无论是发达国家,还是发展中国家,技术治理已经成为公共治理领域一种全球范围内的普遍现象,我称之为"当代社会的技术治理趋势。而智能技术的蓬勃发展,更是加快了技术治理在全球范围内的推进。从这个意义上说,当代社会已经成为技术治理社会,而智能社会是技术治理在当代社会运行中最典型和最突出的表现形式之一。

将智能技术运用于公共治理活动,我称之为"智能治理"。所谓智能社会,尤其意味着智能治理社会,即智能治理将支配治理活动。在实践当中,当代技术治理的主要战略措施包括:(1)社会测量,(2)计划体系,(3)智库体系,(5)科学管理,(6)科学城市或"工程城市"(engineering city),(7)综合性大工程。智能技术在各个技治战略中都可以发挥非常重要的基础性作用,从总体上提升局部社会工程的效率,改变技术治理运行的形式。反过来,当代社会技术治理的大趋势,又给智能技术的发展提供了强大的动力,不断推进智能革命和智能治理深入发展。一句话,智能社会与技术治理是相互支持、相互促进的。

智能革命与技术治理齐头并进,将极大地改变当代社会的基本面貌,提高整个社会运行的效率。在理想图景之中,在未来智能技治社会中,人们的生活尤其是物质生活预期会进一步提高到新的水平,社会运行出现至少4个特点:(1)进化加速。人类社会不断向前发展和演化,正如生命不断进化一样。进入现代之后,社会节奏明显加快,未来的社会变迁将进一步加速。(2)整合增强。所有的人、物和环境因素均被纳入智能网络之中,被全面感知、认识、计算、调整和控制,控制—反馈活动不断升级,实现整个社会更大范围、更深层次、更具体细致地协作。(3)全面智能。机器智能将广泛分布在社会中,与人的智能实现无缝融合,甚至环境也表现出极大的“智能”。(4)计划细致。智能社会追求减少未知以控制风险,以此提高效率。智能网络“自觉”社会的即时信息,据此对未来状态进行精确预测,并在此基础上根据一定的目标对未来行动加以周密计划,以及对偏离计划的行为及时察觉、矫正和控制。

未来智能技治社会也会出现新的社会风险。比如,政治权力过于集中甚至出现极权主义“机器乌托邦”(即整个社会成为一架精密的“大机器”,而每个人成为其中随时可以被替换的“零件”),专家权力过大乃至失控,精英主义思想泛滥,个人隐私被政治滥用,文化朝着科技方面单向度发展,以及社会阶层固化和“机器人失业”(即机器人在各行各业的应用所导致的失业),等等。因此,对于智能革命与技术治理的结合,既要看到正面的价值和意义,也要时刻警惕可能的风险,深入研究,预先防范,积极引导,民主调控,及时化解,使之为建设中国特色的社会主义事业服务。

智能治理的机器国和理想国

到底有没有智能革命？一般所讲的智能科技主要包括物联网、大数据、云计算和人工智能等 ICT 科技的最新进展。它们有没有引发“革命”呢？或会不会引发“革命”呢？学界目前对此说法是在两可之间的。

我的观点是：智能革命已经到来，这个提法是站得住脚的。为什么呢？学界提出的各种“革命”太多，提出的各种科技革命也很多，有人甚至提到第六次工业革命。在我看来，“革命”不过是一个隐喻，逻辑上能不能成立并不重要，重要的是提出这个“革命”要表达什么，是否有价值。并且，“革命”有大小，提一个“智能革命”并不能从根本上、从全局上概括当代社会的变革，或者说把当代社会引到完全不同的新阶段，它只是说到问题的一个侧面。因此，我以为，智能革命可以提，更重要的是在此线索下，加深对我们自身的历史境遇的理解。

所谓智能治理，就是运用智能技术进行公共治理。智能治理方兴未艾，各种智能化的电子监控、人脸识别、交通调度和选举分析技术应用得越来越广泛。在最新的报道中，我看到欧洲已经尝试在人身上种植芯片用来识别身份、安全保护和电子交易。

问题是：从未来的理想愿景来看，智能治理将如何从总体上影响人类社会？对于这个问题，存在两种极端而相反的看法：一种是乐观主义的,认为最终会出现一个 AI 理想国;另一种是悲观主义的,认为结果肯定是一个 AI 机器国。

AI 机器国

我们先看悲观的观点。

研究网络哲学的人,都非常熟悉对互联网的"电子圆形监狱"(electronic panopticon)隐忧。圆形监狱是边沁提出、福柯等人发展的一种治理理论。边沁写过一本名为《圆形监狱》(*Panopticon*)的书。他认为,他所处时代所面临的严重治安问题可以运用圆形监狱的原理加以解决。圆形监狱的中间是看守监视囚犯的瞭望塔,四周是环形分布的囚室。看守可以 24 小时监视囚犯,囚犯却看不到看守,相互之间也不能交流。即使看守并不在瞭望塔中,囚犯也会觉得有人在监视。而监狱之外的上级,可以不定时来检查工作,看守也处于随时被监视的状态中。

福柯指出,圆形监狱蕴含着对人的行为进行改造的原理,它不仅是监视机构,还是改造理论的生产和运用机构。福柯称这种改造为"规训",并认为 19 世纪下半叶以来西方社会整个成了规训社会。也就是说,圆形监狱及其原理逐渐从监狱扩散到军营、工厂、学校等各处,当代社会已然成为监狱社会。

网络社会兴起之后,一些人认为,新兴的 ICT 技术加剧了当代社会规训化的趋势,整个社会日益沦为电子圆形监狱。在具体意象上讲,电子圆形监狱的 Logo(标志)是小说《一九八四》中的"电幕":对所有人进行监视。

显然,这种理论主要考虑的是隐私问题,但智能革命之后,就不再仅仅是隐私问题,因为除了监视,机器人当然是可以诉诸实际行动的,比如对人进行拘押。机器人监控和行动的能力如果应用到社会公共事务和政治领域,会产生比电子圆形监狱更强的负面效应。换句话说,到了智能革命之后,电子圆形监狱才可能成为真正的牢狱:从监视、审判到改造可以委托智能技术一体化实施。于是,AI 机器国就可能真正出现。这就是当今敌托邦科幻文艺的一个大类即“AI 恐怖文艺”所要抨击的景象,它最著名的 logo 是好莱坞电影《终结者》系列中的天网(Skynet):机器人对人类的牢狱统治。

AI 机器国会是什么样子?通过对批评既有的技术治理、智能治理以及 AI 在社会公共领域应用的各种思想文献来进行分析,可以归纳出它的基本景象,其中最重要的就是 AI 科幻文艺的想法。当代西方的科幻小说有个很重要的特点,即乐观主义情绪很少,并且基本上都与对智能革命的想象有关系。这样一种想象在西方是很流行的,它所勾勒出来的未来社会是一架完整、严密和智能的大机器:由于 AI 技术的广泛应用,每个社会成员都成为这个智能机器上的一个小智能零件,而且是可以随时更换的零件,和钢铁制造的零件没有差别。这就是恐怖的 AI 机器国。

归纳起来,大家对 AI 机器国的预想集中在四个方面:

第一是 AI 机械化,即把人、物、社会所有都看成纯粹机械或智能机器,对所有的一切要事无巨细地进行智能测量,包括人的思想情感,可以还原成心理学和物理学的事实来进行测量。于是,科幻文艺会想象出机器人女友,甚至如科幻电影《她》(*Her*)中一个没有实体的纯粹的感情程序。

第二是 AI 效率化,也就是说,AI 机器乌托邦核心的价值主张是效率。智能要讲求效率,科学技术是最有效率的,没有效率的东西比如文化、文学和艺术都是可以取消的。AI 机器乌托邦社会运行的目标就是科学技术越来越发达,物质越来越丰富,人类文明不断地扩展,要扩展到整个地球,月球,火星……好莱坞著名科幻影视系列作品《星际迷航》(*Star Trek*)就是这种不断星际殖民梦想的最著名的通俗表达之一。

第三是 AI 总体化,也就是说整个社会是一个智能总体,按照建基于物联网、大数据、云计算和 AI 等智能技术之上的社会规划蓝图来运转。所有国家政党、社会制度、风俗习惯以及个人生活全面被改造,没有人能够逃脱总体化的智能控制。

第四是 AI 极权化,即 AI 机器乌托邦是反对民主和自由的,认为民主和自由没有效率,支持的是由智能专家、控制论专家掌握国家大权,公开实行等级制度,然后以数字、智能和控制论的方式残酷地统治社会。

AI 理想国

我们再来看看乐观主义的 AI 理想国。

对 AI 理想国的想象都建构在对智能革命的一个乐观预期之上,即机器人最终将代替人类完成绝大部分的劳动,即使不是所有劳动的话。毕竟 Robot 这个词,本义乃是机械劳工的意思。也就是说,发明机器人的初衷就是要把 AI 变成全能劳工,将人类劳动尽数接收过去。而且,机器人应该任劳任怨,勤勤恳恳劳动,劳动能力远远超过人类,而且不需要休息,不怕危险,不要工资,不和人类抢夺资源。在理想愿景中,机器人还是“活雷锋”,对主人百依百顺、任劳任怨,一心为人,为此可以不惜代价,甚至毁灭自己。

AI 劳工正在进入我们的生活,比如我家用的小米拖地机器人,而自动物流、无人超市、智能旅馆等,都方兴未艾。但是,我们现在担忧 AI 导致失业。有人出来证明,AI 导致一些人失业的同时,又创造更多新的工作机会,因此 AI 不会导致失业。这是一种不攻自破的矛盾观点,因为除非停止智能革命,否则机器人发明出来,就是要取代人类劳动,让人类从繁重的劳动中解脱出来的。有人会说,有些工作机器人是做不了的。这是说现在 AI 做不了,随着机器人劳动能力不断向人类劳动能力逼近,即使保守估计,也可以说:全部的体力劳动和绝大部分的脑力工作——比如计算、会计、医疗、文案、动画、办公室事务等——都将被 AI 所取代。就算人类劳动在智能革命之后不能完全根除,就生产力或 GDP 的贡献而言,人类劳动也将局限在可以忽略不计的数量级中。

当人类从劳动中解放出来,我们可以重新规划 AI 理想国。在现实中,大家担心的是 AI 导致失业。为什么呢?因为没有工作,就没有钱,就养活不了自己和家庭。即使机器人生产的粮食堆满仓库,远远超过人类所需要的量,即使机器人生产的衣服堆满仓库,够每个人一天换一套,失业的人都没有份。显然,这不是机器人的错,而是社会制度安排的问题。为什么失业的人就没有面包和衣服分?不是他们不愿去劳动,而是机器人把工作都做了。为什么人不能彻底从劳动中解放出来?这不是机器人的错,是人类自己的错,是一些人利用货币制度,对另一些人进行压迫和剥夺。

按照马克思主义的说法，AI失业问题本质上是科技生产力发展与现有社会生产关系之间的矛盾，现有的社会制度不适应科技生产力的发展。按照经济学家加尔布雷思的说法，这是富裕社会问题。按照技术治理主义者斯科特的说法，这是高能社会问题。

斯科特是以能量为视角看待社会的，所有的人类活动均可视为将可获得的能量转换为可使用的形式或服务的过程。在工业革命之前，人类能量转换(energy conversion)的数量级是很低的，主要能源来源是人力以及少量的畜力、风力和水力。19世纪以来，社会使用能量的数量级跃升，进入高能社会，机器成为最主要的能源来源，人力在其中只占有微不足道的比重。显然，机器人取代人类劳动之后，人力贡献的能量完全可以忽略了。

斯科特还认为，1929年的时候，北美社会就进入了高能丰裕社会，美国和加拿大当时所生产的商品和服务如果平均分配，完全能够满足所有人的舒适生活了。他的结论不是拍脑袋得出的，而是组织工程师和专家进行实际物理测量得出的，得到了当时美国政府的承认。

然而，现实是：一边机器生产出极丰富的物资，而另一边却有很多人吃不饱、穿不暖。比如说，据测算，中国生产的衣服供应给了全球大部分人，但我们某些山区还有很多人家没有体面的衣裤穿。今后也可能是这样，不管机器人—AI生产多少条裤子，不改变分配制度，还会是同样的状况。

如何改变社会制度，AI理想国的蓝图可以有一些共识。

(1) 产品和服务在全社会范围内公平分配，统一生产，把机器人全力开动起来，人人都能过上好日子。

(2) 取消货币，取消商品交换，用物理券来测算生产和消费。斯科特设想的是能量券,能量券表征的是生产某项服务和商品所消耗的能量数。

(3) 老人、小孩、残疾人和病人,分配同样的产品和服务,不是因为你劳动,而是因为你是人,就享有同样的分配权,分得同样点数的物理券。因为生产力极大丰富,每个人所得的物理券超过舒适生活所需。

(4) 根据科技生产率状况,大大缩短工作时间,即便不能完全取消工作的话。斯科特在1929年的测算是,25到45岁之间要工作,每周工作4天,一年工作165天,生产的东西就完全够用了。要知道,那时候别说机器人了,整个第三次科技革命都没有开始,什么核能、网络、激光、卫星、宇宙飞船等,都没有。在智能革命之后,大家可以想象一下,社会劳动时间会压缩到什么程度。

(5) 物理券记名到个人,不能转让、出借、赠予和继承,还有有效期;总之不能积累,也不能通过银行储蓄获利。也就是说,在经济上保持所有人的基本平等,消灭贫富悬殊。

(6) 在大量的闲暇时光中,人们从事文化、艺术和体育活动,以此逐渐提升整个人性。

(7) 人们在工业系统中的晋升,由专业能力和从业资历决定,从最普通劳动者中逐级提拔。

(8) 政府由行业顶级专家组成,主要管理经济事务,保障所有社会成员的经济自由,对经济之外的多数事务尤其是宗教和文化事业保持宽容。

在上述基本框架下,细节问题还可以想象。这一切都是建立在机器人不仅代替人类劳动,而且生产力远远超过人类的基本预期之上。

显然,这种预期是极有可能实现的。

在 AI 理想国中,智能技术在公共治理领域无处不在。比如,用物联网、大数据技术即时收集整个社会的生产信息、消费信息,统一传输到计划中心进行处理。斯科特当时设想的是电话—卡片系统,智能革命后这样的信息收集处理问题完全不用人参与,只要有少量专家监督即可。比如,涉及大量的一般决策,专家系统将会给出经过客观计算的处理意见。再比如,司法、公安、安保和监狱系统中,AI 将大量应用,可以排除人为因素,保证程序正义。香港电影《监狱风云》里狱卒虐待犯人的情况,理论上是可以由机器人狱卒替代而消除的。至于电子政府、办公自动化等更是题中应有之义。总之,AI 理想国将是一个智能治理社会。

在机器国与理想国之间

AI 理想国会出现吗?一些人担心,如果人类不用劳动,世界会不会毁灭?会不会天天打麻将,无事生非。恩格斯告诫我们:劳动是人类的本质。恩格斯说得很对,但什么是劳动,也在随着历史变化。比如,女主播现在肯定是劳动,而且很挣钱,开个镜头直播,什么也不干,或者扭几下,几十年前不能想象这也是劳动。在科幻电影《机器人瓦力》(*Wall. E*)中想象的是,在机器人照料之下,人类变成了行尸走肉,吃饭都是机器人喂到嘴里。更重要的问题是,如何让人类放弃现行的人压迫人的制度呢?我们为此将付出何种代价呢?

AI 机器国会出现吗?一些人认为,科技是为权力服务的,极权势力利用科技打造的牢狱将是牢不可破的。这种观点是错误的,就比如网络应用实际上存在两种并行的趋势:一方面电子监控确实可以作为极权利器,但是同时网络民主、自上而下的网络监督、信息披露也很常见。按照马克思的说法,科技本质上是一种革命性的力量,它推动着人类的进步,但是在阶级社会却被统治阶级利用,为掌权者的统治服务,而被统治阶级也可以利用科技谋求自身的解放。这就是科技与权力的辩证法。也就是说,将智能科技运用于社会公共事务并不必然导致 AI 机器国,其结果在于各种力量之间的博弈。

再一个,将科技应用于公共治理存在着很多不同模式,可以针对 AI 机器国的可能性,通过制度设计发挥技术治理的正面作用,防范智能治理的风险。这正是我的技术治理理论要解决的重要问题之一。比如针对上述 AI 总体化问题的批评就是需要防范的。波普尔的《历史主义的贫困》、哈耶克的《致命的自负》以及 J. 斯科特的《国家的视角》等对国家主义的总体化乌托邦社会工程提出了有力的批评,其中最令人信服的批评是:宏大乌托邦工程至大无外,不允许对预想的理想社会蓝图进行质疑和纠错,对异议者实施暴力压制甚至肉体消灭。这种情况在 20 世纪并非没有发生,历史经验说明:至大无外的整肃往往发生在封闭孤立的社会当中,而对外界保持开放、沟通和全球化的社会往往可以在很大程度上避免总体主义冲动。因此,要防范 AI 总体化风险,就要设计开放的社会制度,防止封闭孤立社会的出现。

还有一个技术反治理的问题。你可以技术地治理我,我也可以技术地反抗你。比如说,你在企业推行科学管理,我可以科学地"磨洋工",以提高效率之名没事就更新设备、升级软件,然后不断要去培训学习,以新媒体便捷沟通之名事事发邮件请示,等着你批示,建微信工作群,不停@ 你,等等,有很多办法,智能治理也一样。科学技术真的能完全规训身体、对人洗脑吗？这是不可能的，因为一个人没有精神自我，就没有一个稳定的人格。科学研究和实际的残酷历史表明：科学技术摧毁一个人的精神很容易，但是想进一步重塑稳定的东西，基本是不可能的。

上述讨论有一点很清楚，智能治理的社会风险问题本质上是政治、制度和实践问题，而不是纯粹的科学技术本身的问题。我想，智能治理的未来之路必然是介于机器国与理想国之间，两种极端状况都不大可能出现。究竟会走一条什么样的路？不同的国家和地区，不同的文化类型，不同的民族特性，不同的历史和国情，不同的科技发展水平，走出来的智能治理道路不会都一样。这需要深入的研究。但是，有一点要清楚：智能治理势不可挡，无法逃避。我们应该根据自己的情况，走出一条更好的路。

智能革命，人人有关，人人参与，人人有责。与其消极拒绝，不如参与其中，为更好的智能社会建设贡献一份力量。

数字时代与社会规则

数 字 时 代

人类拥有数据,社会将会怎样?无需多想便可回答:世界上一切能"算"之物,均将被计算。显然,"算"不止于简单的计数,随之而来的是所谓"运筹帷幄",以提高行动的效率。实际上,无论东西,思想家们很早就有运用计算手段来操纵"人事"的想法,如17世纪威廉·配第提出的"政治算术",中国古代阴阳术数的传统。但是,只有等到物联网、大数据、云计算和人工智能等智能技术兴起之后,以数字来测量、预测、规划和控制社会的理想,才真正有"落地"的可能——这正是所谓"数字时代"的真义。

换言之,数字社会是大规模测量、预测、规划和控制的控制论社会。想要社会运行效率提高,必然要努力减少无知、未知和不确定性,控制社会风险。因此,数字社会不再是盲目的、自发的社会,而是充斥着各种有目的、有计划的行动,朝着预先设定的方向前进的社会。此时,社会行动是面向未来的,以数字的测量和预测为出发点,以数字的规划和控制为目的。

然而,数字社会的实际发展并不会与计算结果完全吻合,甚至多数时候并不吻合。强力计算并不能消除风险,更可能出现这样的结局:计算越多,数字越多,暴露出的风险也越多。但是,理想与现实之间的差距,并不会减少数字社会追求控制论效果的热情。也就是说,数字时代是一个不懈追求控制,但并不能实现完美控制的时代。

设计规则

数字社会不是乌托邦社会,因为它没有基于“万能计算”的既定社会蓝图。在数字时代,人们热衷于计算,同时不断修正计算,在计算中实现对社会运行一定程度的控制,而这绝非通往设定好的某个终极理想状态。相反,变动不居的数据彻底否认永恒不变的“理想国”。此时,对社会规则的不断修订甚至重塑,成为数字时代常见的现象。人们逐渐放弃萧规曹随的观念,转而相信规则应该与时俱进。当规则与数字不一致的时候,越来越多的人认为:该做出改变的是社会规则。

也有一些人信奉哈耶克的教条:社会规则虽然是“人类行为的结果,但不是人类设计的结果”。在哈耶克看来,人类的自发行为历史地“沉淀”出规则,人们可以理解、利用和影响它,但不可能成功地自觉设计规则。他的理由是:要对社会秩序进行控制和重构,需要某种“超级头脑”,能解释所有分散于社会个体头脑中的观念,再由“超级头脑”支配整个社会。但“超级头脑”事实上是不存在的,所以他认为,迷信和拥护“超级头脑”最终将导致极权主义体制。

显然,哈耶克对常识视而不见:有意识地设计社会规则的例子,在人类历史上随处可见。当然,历史上的规则设计很可能效率不高,甚至导致过混乱。哈耶克还有一个问题:针对全社会的总体主义规则设计的确存在巨大风险,但并不能否定某些局部的渐进社会工程可能是有益的。波普尔就如此认为。他强调将渐进社会工程用于铲除社会明显的“恶”,如贫穷、疾病和战争,而不是用于建设“地上天国”。

运用理性和计算,对数字时代的某些社会规则进行有限调整,是渐进社会工程的重要例子。规则不断被设计、被实施,随时接受反馈,然后不断调整、修正甚至重塑。在数字时代,没有一成不变的规则,它不断在变化,而不变的是设计规则的尝试。人们不再会因为某一设计不尽如人意而否定设计本身,而是要求尽快用新设计来取代旧设计。

小 设 计

前数字时代,思想家们喜欢构想宏大社会工程,将社会的方方面面均囊括其中,但却缺乏对社会状况的真实理解。相反,数字时代给治理者提供远较之前详尽的社会大数据,可人们却从对至大无外的乌托邦的迷恋中解脱出来。从规则设计角度看,“小设计”接替了“大设计”。这生动地说明:无知导致鲁莽,而知识通往谨慎。

面对汹涌而来的信息和数据,我们逐渐学会知识谦逊主义,明白给一个支点你也撬不起地球。面对外部世界,人类依然还很渺小,谨记知识的局限性和科学规律、社会规则的时空性,才是真正理性和科学的态度。无论是面对抗议人群,还是面对新冠病毒,或者浩渺的星空,迄今人类能知道的还很不够。

以往时代,人们自信能先知而后行。数字时代,人们要在无知中前进。问题不再是如己所愿地改造自然和社会,而是如何在探索中躲避灭顶之灾。知识谦逊主义教导我们:(1) 客观看待人类知识的力量;(2)要敬畏自然;(3)保持思想和设计的多样性;(4)时刻警惕,不要因“迷之自信”而跌下悬崖。

社会规则的“小设计”是谦逊主义的设计,它意味着规则的语境化、地方化、多元化和试错化。所谓语境化,指的是小设计聚焦于规则的特定语境,因而设计结果必定是适用于特定场合和特定对象的。所谓地方化,指的是小设计承认不同国家、不同地区、不同文化和不同传统之间的国情差异,因而强调规则设计要突出地方特色和适应性。所谓多元化,指的是小设计鼓励更多的方案,支持更多的创新、差异和冗余,反对将社会规则齐一化、机械化和绝对化。所谓试错化,指的是小设计过程本身就是试错、纠错、再试错、再纠错的过程,因此必须时刻保持对真实世界的敏感性。

在“小设计”时代,规则共识成为一种理解运动,而不是先定义务或理念演绎。人与人为某个目的坐在一起,各有各的数据、数据解释和数据观,相互都需要学习他人的观念,尊重他人的选择,努力求得相互理解基础之上的“小共识”。也就是说,数字时代的共识是微观的、具体的、变化的、容忍差异的和“入乡随俗”的。如新冠疫情中对口罩的共识,在各个国家、地区和城市差别很大。一个人也许会对他人的做法感到惊讶,但只要不违反当地法规,经过理性考量,没有伤害别人,戴口罩、不戴口罩、戴自制的口罩,我们都如人所愿吧。

机器人规则

除了人的规则,如今还要考虑机器人规则,这是小设计时代的全新问题。

“机器人”的称呼让人迷惑,先入为主地将之视为某种类人存在物。实际上,它目前只是复杂的机器。因此,今天机器人适用于其他机器同样适用的规则——虽然语境更复杂一些,但仍然是机器规则。

令人疑惑的是机器人发展的未来愿景。机器人的出现让人类面对“新无知之幕”,即不知道人机共生的最终结果而要做出选择。粗略地说,政治哲学中的“无知之幕”与国家如何建构有关:大家聚在一起商量建成国家,结束人与人之间的野蛮暴力状态,但每个人都不知道在建成后的国家中,自己将处于哪一个阶层,扮演哪一种角色,大家在对未来无知状态中讨论应如何安排社会制度。每个人都可能成为社会中最弱势的人群,因此都会考虑向穷人提供必要的制度保障。总之,“新无知之幕”是一个隐喻,指的是人类要在“盲人摸象”中与能力超强的 AI 共同生活。

有人认为机器帮助人类,也有人说人机是对抗关系。现在越来越多人认为,人与机器是协同进化的。“人机协同进化论”很有道理,但它是某种“上帝视角”或“宇宙视角”,置身事外地看人机关系。

的确,人与机器人协同进化,但是协同进化的最终结果可能是人类被灭绝。有意义、有价值的是“人类视角”,也就是说考虑人类在人机协同进化中应该如何选择应对方案,以确保人族的延续和福祉。这就是人类站在“新无知之幕”前谦逊主义的根本态度。

在数字时代,人类在无知中探索着前进。一定要搞清楚:探讨人与机器共生规则,既不是为了推动求真,也不是为了维护荒谬的“机器福利”,而是要判断下一步如何行动。比如,发展无人汽车、无人舰艇,如何避免社会伦理问题,使之符合现时代伦理环境,不触发严重的伦理危机和风险。

“机器人是不是主体”的讨论，只是一种思考方法，旨在沟通、协调和融洽 AI 与社会主流价值观——如果 AI 冒犯主流伦理，势必不能得到大的发展。比如，无人汽车出了事故，谁来承担责任？显然，解决该问题无须解决无人汽车是不是主体的问题，而是需要进行细致的制度安排，比如责任分摊、保险制度等等，便能符合主流价值观地解决无人汽车事故。全世界每年数百万人死于车祸，而全面使用无人驾驶后，科学家有信心将死亡率减少八九成——这是最大的伦理进步。有此伦理进步保障，只要制度安排合理，主流伦理观念一定会接受无人驾驶。因此，机器人规则设计属于价值敏感型设计，必须时刻保持对社会主流价值观的敏感性。

一言以蔽之，机器人设计哲学是行动哲学、问题哲学，而不是思辨哲学、经院哲学或者思想史研究。

技治主义的批评与辩护

近年来,技术治理主义成为科技哲学界关注的热点问题。19世纪下半叶以来,现代科学与技术逐渐一体化,在人类征服和改造自然界的活动中表现出巨大的威力。很自然,思想家们想到:可否将科学技术应用到社会治理和政治活动当中,让社会运行更加科学和高效?此即20世纪之交在欧美兴起的技术治理主义之主旨。它认为科学技术在现代社会发展过程中起决定性作用,并对社会未来持乐观的态度。

何为技术治理主义

远溯古希腊,"真理城邦"理想在西方初露端倪。这在柏拉图"哲学王"和亚里士多德公民政治的主张中可见一斑:两人虽对民众的理性能力持不同看法,但均坚持依理性来治理城邦。技术治理试图建构"真理城邦"的现代形式即"科学城邦",主张社会运行理性化尤其是政治活动科学化。这种思想一般追溯到英国哲学家弗朗西斯·培根和法国空想社会主义者圣西门。在《新大西岛》中,培根设想了一个科学的乌托邦,中心是由科学家和技术家组成的所罗门宫,整个社会按照它所计划的方案来运转。在《论实业制度》中,圣西门主张用工业化和科学化来改造社会,把政治权力交给实业家和科学家。在《一个日内瓦居民给当代人的信》中,他甚至主张创立牛顿协会代替教会,以科学家取代神职人员。

之后,技术治理思想被法国实证主义哲学家孔德、英国哲学家斯宾塞等人朝不同方面发展,19世纪末传入美国,经美国思想家贝拉米,管理学家弗雷德里克·泰勒和技术哲学家、经济学家凡勃伦等人努力,逐渐成为较为系统的技术治理主义,并在20世纪三四十年代在美国引发了一场声势浩大的技术治理运动。该运动虽然不久失败,但它极大地传播了技术治理思想,使之逐渐受到全球性关注。技术治理主义理论家还包括:哲学家纽拉特、经济学家加尔布雷斯、政治学家布热津斯基、社会学家丹尼尔·贝尔、未来学家奈斯比特和托夫勒等人,著名的理论包括:凡勃伦"技术人员的苏维埃"(Soviet of Technician)理论,弗雷德里克·泰勒的"科学管理"(Scientific Management)理论,纽拉特的"统一科学"(Unified Science)理论,丹尼尔·贝尔的"能者统治"(Domination by the Gifted)理论等。

技术治理主义散播极广,结合不同实际,分支和变种繁多,歧义纷呈,但均坚持技术治理的两个核心立场:(1) 科学管理:用科学原理和技术方法来治理社会;(2) 专家政治:由接受了系统的现代自然科学技术教育的专家来掌握政治权力。显然,主张专家政治是为了保证实现科学管理,科学管理社会是技术治理的实质。但是,对于这两个立场的含义,比如何为科学原理,何为技术方法,谁属于专家,专家如何掌权等,技治主义者的理解不尽相同,这导致技术治理实践模式的多样化。

粗略地说,技术治理主义理论主要包括三部分的内容,举凡勃伦的理论为例说明如下:(1) 现代科学技术发展对现代社会产生了什么样的冲击？凡勃伦认为，科学技术从根本上改变了现代社会，使美国等西方发达国家在19世纪下半叶进入了工业社会，而资本主义制度，尤其是价格体系与精密运转的工业系统根本上不相适应。(2) 如何科学地应对上述冲击？凡勃伦认为，只有精通工业系统的工程师才能高效运转工业系统，追逐利润的资本家阻碍了社会生产，必须把权力让渡给工程师，让后者按照科学原理和技术方法运转工业社会。他所谓的工程师不仅包括科学家、技术人员，还包括管理专家、经济学家等。(3) 如何实现全社会的技术治理？凡勃伦认为，要发动非暴力的"工程师革命"，颠覆资本家的统治，让工程师掌权，之后组成各级"技术人员的苏维埃"掌控社会，最终实现资源高效利用和社会高效运转。

对技治主义的批评

凡勃伦比较激进，对资本家的批评非常尖锐，有人将他视为马克思主义者。但显然，他与马克思相去甚远。马克思突出劳动者在生产中的作用，他则强调科学技术的作用。关于资本主义的基本矛盾，马克思将其归结为生产资料资本主义私人占有和生产社会化之间的矛盾，而他归结为生产与商业、技术与资本主义所有制直接的矛盾。关于先进阶级，马克思认为社会革命主力是工人阶级，而他认定是工程师。不过，凡勃伦与社会主义者有一些类似的观点，比如认定资本主义最终要灭亡，科学技术是生产力发展的重要推动力，应当对经济进行计划，等等。

凡勃伦之后，技术治理主义者大多是温和的改良主义者，聚焦于如何运用科学技术提升和完善既有的社会秩序，舍弃了颠覆资本主义制度的主张。改良的技术治理主义不再建构某种宏大的理想社会,而是实施某种工具层面渐进式的社会工程,尤其关注利用科学技术成果提升公共治理和行政活动的效率,它能够与不同制度和政体结合,因而成为全球性现象。这种温和的改良主义受到苏联学者的批评,被认为实质上是为资本主义制度辩护的修正主义,苏联学者杰缅丘诺克称之为"成了种种官方乐观主义理论的来源。"

在资本主义社会中,技术治理主义一经兴起,就招致了各种批评。尤其20世纪六七十年代以来,能源问题、环境污染和核武器等科技负面效应日益暴露,西方社会反科学思潮流行一时,对技术治理的讨伐成为"时髦",但同时,无论是发达国家还是发展中国家,技术治理主义所主张的政治实践科学化却不断推进,业已成为当代政治活动全球范围内最显著的趋势。总的来说,对技术治理的批评主要可以分成几类:(1) 人文主义者(如美国传播学家波兹曼、技术哲学家芒福德和法国技术哲学家埃吕尔)指责技术治理主义把人视为机器,严重束缚人性,危及人的主体性,威胁社会的道德、文化和信仰;(2) 自由主义者(如英国经济学家哈耶克、奥地利哲学家波普尔)批评技术治理主义侵害个人自由和民主制度,盲目追求乌托邦,导致极权和专制;(3) 西方马克思主义者(如美国哲学家马尔库塞、德国哲学家哈贝马斯和加拿大学者芬伯格)攻击技术治理主义成了新型意识形态,为维护既有权力和等级制度服务,帮助资产阶级压迫劳动者;(4) 历史主义者(如法国哲学家福柯)和相对主义者(如美国科学哲学家费耶阿本德)谴责技术治理主义把技术治理视为社会治理排他性的唯一模式,反对自然科学、社会科学之间的不平等,主张政治活动多元化;(5) 怀旧主义者(如福柯、芒福德和波兹曼)所反感的不局限于技术治理主义,而是包括整个现代生活方式和工业文明，主张“回到从前”“回到古希腊”；(6) 卢德主义者仇恨机器和工厂，他们几乎都是行动者而非理论家，口号是“砸烂机器”“取缔科学”或“捣毁实验室”。

为适度技术治理辩护

当代社会治理不可能完全排斥技术治理，尤其是要应对许多与科学技术直接相关的公共治理问题，如转基因食品、核能民用、环境治理等，必须在一定程度上实行技术治理。并且，随着高新技术迅猛推进，此类问题在公共治理领域越来越多。因此，问题的关键不在于简单地拒绝技术治理，而是要构建适合国情的技术治理模式。技术治理主义的西方批评者们普遍存在一个错误的出发点：把技术治理等同于追求机器式、宏大的乌托邦社会工程。的确，把完美的、终极的理想社会蓝图强行照搬到现实社会中，往往导致巨大灾难。然而，基于对科学管理和专家治国不同的理解，技术治理在实践中存在多种模式选择：有乌托邦模式，也有渐进模式；有总体模式，也有工具模式；有机械模式，也有实用模式、操作模式；有激进革命模式，也有温和改良模式；有专家决策模式，也有专家建议模式，等等。可以根据实际国情，把技术治理作为一种手段或工具，对其实施模式进行选择、修正和调整，使之适应社会总体制度，为社会总体目标服务，比如为民主制服务。认为民主、自由、平等和人文精神等与技术治理相冲突，就像认为文化必然与科学相冲突一样，是缺乏剖析的先入为主之见。实践经验表明，某种温和的技术治理模式与民主制能很好地相互支持。

美国兴起技术治理运动时期，技术治理主义就引起了民国时期许多中国学者的重视。在日本入侵的巨大压力之下,国民党南京政府曾不得已吸收了一些专家参政。改革开放以来,越来越多接受大学教育的年轻干部补充到党政机关工作。国外有学者认为,技术官员在中国政治领域占据越来越重要的地位,甚至超过党政官员。因而对中国的政治体制和政权结构发生持续而深远的影响。这种观点部分反映了当代中国政治的某些实际变化,即干部队伍日益知识化、专业化、技术化以及行政和决策的日益科学化,但是据此认为中国社会主义制度发生改变却是极其错误的。在中国,技术治理主义不是作为总体性乌托邦蓝图,而是作为辅助的、温和的、渐进的改革工具,是为建设中国特色的社会主义事业服务的,不会否定社会主义根本制度。

从某种意义上说,过去30多年中国之所以取得了巨大成就,科教兴国战略下的科学管理和专家政治功不可没。中国目前的科技发展水平以及人民的科技素养与西方发达国家相比还有差距,不能赶西方的"时髦",一味跟着批评技术治理主义。在现阶段,适度适合适时的技术治理是有积极作用的。首先,目前重视技术治理,有利于肃清中国政治领域残存的"血统论""出身论"等错误思想。其次,目前强调技术治理,有利于明确知识分子在社会主义体制中的地位,保障知识分子权利。再次,目前强调技术治理,有利于当代中国行政活动的科学化,使中国政治活动更好地适应知识经济和知识社会的活动。最后,技术治理目前也容易为中国人所接受,原因有三:一是专家政治与中国传统"尚贤"思想相契合,二是当代国人尤其是精英阶层大多推崇科学,三是马克思主义也强调科学技术的重要作用。当然,技术治理服务于社会主义制度的总体目标,要控制在一定的历史阶段、适当的范围和程度当中,要警惕和防范它的某些缺陷,比如容易"只见数字不见人"等。

大数据与技术治理

20 年来,在计算机、网络和信息社会等相关领域的哲学社会学问题研究中,风向标变化得很快,比如最近 10 年,先热的是物联网,没几年开始流行大数据,2017 年阿尔法狗火了,有人说人工智能(AI)元年又来了。但若仔细审视,过去 10 年信息社会发展真正有重要突破的,还是在数据方面,也就是说,海量数据的涌现深刻地影响了我们的生活。

最近两年,我已经养成了手机上看天气预报的习惯,以此决定是否出门、穿什么衣服,大数据已经影响了个人的生活。而如果大数据影响了一群人的生活,这就进入公共事务领域,属于大数据治理的问题了。最近大家抱怨的“996”、刘强东的“兄弟论”、热帖“你不是世界首富贝佐斯的兄弟”,也属于这方面的例子。再往公共政治方面说,特朗普发推特背后有没有大数据支撑、他与希拉里竞选如何运用大数据技术,这些都属于大数据治理讨论的问题。

大数据技术已经广泛应用于出租车行业、企业人事管理、学校学生管理和政治竞选等领域,大数据治理的确就在我们身边,这就引出一个问题:如何看待大数据治理?它究竟是完美的天使,还是残忍的恶魔?它究竟是无坚不破的利器,还是装模作样的南郭先生?

大数据治理在当代有何正面意义?

我对大数据治理的讨论,是在一套理论框架下进行的,就是我所谓的"技术治理理论"。我的理论,首先看到的是大数据治理的正面价值。"数据人"的崛起实际上是更大背景即"科学人"崛起的一个表征,这从根本上意味着"作为治理对象的人"的浮现,这是技术治理的基础。我们这里稍微谈一点理论问题。

所谓技术治理,主旨就是将现代科技的成果用于社会公共事务当中,以提高整个社会运行的效率。显然,无论是发达国家,还是发展中国家,技术治理已然成为全球范围内社会运行领域的普遍现象,我称之为"当代政治的技术治理趋势"。在大数据和智能革命的背景下,这种趋势更是急速推进、日益突出,甚至可以称为当代社会的根本性特征之一。换言之,在某种意义上,甚至可以说当代社会是技术治理社会。

在过去几年中,我一直尝试建构一套审度技术治理理论,以对技术治理现象予以某种框架性的诠释,以此为基础,探讨将之引导到有益方向的可能性。其中,大数据治理是一个新问题。

在我的理论中,技术治理不是只有一种模式,而是可以根据不同国情进行选择的。但是,不管哪一种技术治理制度安排,都需要坚持两个基本原则:其一,科学管理,即以科学原理和技术方法来治理社会;其二,专家政治,即以受过系统自然科学教育的专家掌握政治权力。中国人民大学统计与大数据研究院如果参与到公共治理活动之中,也属于我讨论的专家的范围。为什么?因为当代社会科学主流是自然科学化的,所以才被称为科学。经济学家、管理学家、职业经理人、银行经济学家、统计学家、心理学家、精神治疗师、经济分析师乃至实证社会学家等,也是接受过系统的自然科学基础教育的。甚至有人认为,他们可以被称为社会工程师,他们掌握的知识可以被称为社会技术。世纪之交以来,社会工程师的权力正在超过科学工程师。

我根据过去的思想史和技术治理的实践经验,归纳了技术治理最主要的七大战略,即社会测量、计划体系、智库体系、科学行政、科学管理、科学城市和综合性大工程。在每一种战略中,大数据技术都大有可为,可以给技术治理以强大的技术支撑。反过来,这些技术治理战略的实施也推动了大数据技术的强力发展。有人说,中国大数据技术发展最大的推动力就来自政府和公共事业的需求。

举智慧城市为例:现在水电气供应都智能化,居民可以在手机上直接购买,任何故障、短缺的信息都即时反馈;在智能交通方面,有大量的监控摄像头、测速装置;在智能城市治安方面,有安全监控设备、智能110等……每时每刻都产生大量的数据,为城市运行决策提供非常有力的技术支撑,极大地提高了城市运行效率。

安保监控也是大数据治理重要作用的突出例子。在重点场所如机场、车站、监狱,针对重点人群比如罪犯、精神病人的电子监控,非常有必要,这保证了公共安全。中国治安大大改善,大数据治理功不可没。

大数据治理是完美的利器吗?

但是,大数据治理真的无往不利吗?

设想在一个社会广泛安装监控,甚至可以不接触即能监测人的心跳,以及发现路人甲携带的敏感物品。可是,我对这一工程的效果并不看好。为什么?在这个世界上,一辈子每天24小时完全照着法律、规章、政策、治安管理条例、街道公约、公司章程、校纪校规活着的人有几个?不敢违法,可谁没有个违规的时候?人又不是机器人!比如随地吐个痰,闯红灯,在不该吸烟的地方抽烟,看成人片,“翻墙”,逃课,小黄车没有停到该停的地方,在公园刻个“到此一游”……把这些全部监控下来,都处理吗?那得需要多少警察!而那么多警察也要监控啊。

现代治理有一个基本的假设:所有人都是有问题的,都要被改造——目标不止于打击犯罪,而是要改造每一个人,我称之为“完美人梦想”。于是,社会就用法律、治安条例、公司规章、学校纪律直到父母的规定,将每个人约束起来,进行改造。显然,不能把所有的不完美都监控起来,都变成完美,这是不可能的。而且,哪里监控装得多,结果就是哪里治安看起来差一些——本来大家差不多,现在你被发现得更多而已。因此,理想的连续治理是不能付诸实施的,它只能是一个理想型(ideal type)或者方法论,当不得真的,用我的理论来说,这叫“过度治理”。也就是说,大数据治理要把握一个度,要区别治理与操控之间的界限。

实际上,安全部门也不是真的那么天真和理想主义。这里面有个问题,我称之为“官僚主义智能化问题”。官僚机构对新技术情有独钟,尤其是技术治理的新技术,因为这些新技术的运用更能体现出官僚机构的强大力量。对于官僚机构来说,最大的动力不是效率,而是组织的生存、扩大和发展。安全部门推行大数据治理,可以设立新机构,可以招更多的警察,以此又可增加经费。官僚主义智能化问题,实际是官僚主义对技术效率目标的偏离或异化问题。

对于安全部门来说,大数据治理对于治安效率有多大提高或许成了次要的。当然,如果检查起来,就可以用统计数字证明给大家看看,说提高了多少百分点的破案率。这种情况在法院运用大数据技术建设智能法院的时候也出现了。据一些法院反映,效率提高并不明显,办事甚至更麻烦了,比如一些例行审批交给智能系统,出了问题都不知道找谁负责,打着新科技的名义,说是最新技术治理手段,实际上并没有通过科学原理和技术方法带来效率的提高,我称之为"伪技术治理"现象。

显然,大数据治理有一个范围问题。正如有人评论的,机器的结果只是参考,需要人来检查其有效性,最终做出决定的仍然是人。例如,亚马逊将大数据治理用于人员雇佣和工作监督,这是非常敏感和需要慎重的问题。显然,企业有社会责任,要提供员工福利,不能一味强调效率,否则就容易走向过度治理。

实际上,很多社会参数是没有必要获取的,很多违纪违规行为应该交还道德领域,甚至要被社会所容忍。过度治理以及上面提到的官僚主义智能化、动因漂移等,在我的理论中都属于技术反治理问题。在我看来,技术治理过程必然伴随着技术反治理,后者是不可能也没有必要消除的。要想运转技术治理机制,就必须在两者间达到某种作用力与反作用力的平衡;试图完全铲除反治理,结果一定是技术治理系统的崩溃。

大数据治理有什么可能的风险?

关于大数据有一种说法:不再是随机样本,而是全体数据。大数据是全数据吗？世界上哪里有什么所谓的全数据，其实就是一个无穷大的集合。大数据相对于之前的数据来说，的确在数量级上发生了改变，这量变按照某些人认为的甚至导致了某种质变，但是它不是全数据。从根本上说，绝对无穷大的分母，无论分子数量级增加多少，仍然约等于零。因此，大数据所谓的“大”是实用意义上的“大”，是针对某个目的而言足够大了。比如智能交通调控，如果能掌握八成以上机动车辆的运行轨迹，就可以尝试以此为基础进行调控。所以，这个大数据的意思是进行某个城市交通调控的数据足够了。

既然以实用目的来判断数据是不是够大，那么就意味着所谓大数据并不是客观的，而是存在价值预设。从这个意义上说，大数据没有讨论因果关系，而是发现相关关系，而相关关系的发现是在一定价值观指导之下的。例如，有人通过大数据提出这样的观点：空气污染与很多不良现象有关，其中包括判断力减退、心理健康问题、学习成绩不佳以及犯罪率上升。这样的大数据研究提出了什么新的治理结论？没有。这只是为控制空气污染提出了一个新的理由，显然是在反感空气污染这种情绪指导之下的发现。这既说明了大数据的目的或价值属性，也说明了不是所有数据都有意义，我们并不需要全数据，并不是大数据越多越好。从理论上说，这叫“数据超载“问题，简言之，大数据的终极目标不是真理，而是行动。

在现代治理活动中，可计算原理和文牍中心是基础。可计算要求信息的数字化，文牍中心要让治理活动围绕各种文件展开。人们治理的是纸上的、数字中的社会，实行数字管理，这与日常现实距离很远。这就出现了现代治理当中的意会知识和非正式知识的问题，这是技术治理中一个很大的问题。这就容易出现“数据崇拜”现象，比如我现在根据天气预报穿衣服,而不是去阳台上看看别人穿什么,或者去室外感受一下气温。在大数据时代,数据崇拜转变成大数据崇拜,最新技术应用的背书增加了崇拜的程度,统计学和统计数字成了权威的来源。然而,过头的数据崇拜是有问题的。

波兹曼批评了统计数字崇拜,他认为,运用统计数字进行论证的要害有三。一是抽象概念客观化,把某个发明出来的抽象概念转变成某个客观的可测量的事物,比如民意测验统计调查假定有个名为"舆论"或"民意"的客观事物,可以从民众身上抽取出来。但其实,并没有一个实实在在的民意,人心是变动不居的,你现在杜撰一个民意,搞一套程序,好像有这么一个东西。二是排序,把每个人按照某种标准安放在某个序列之中,比如从极不喜欢到极其喜欢分为 0 到 10,你选一个数字,5 是中间值,这叫排序。这好像很科学,其实很可能被要求打分的人完全搞不清楚在讨论的是什么。三是忽略未经或不可数字化的问题,让客观化的东西数字化,有些不能数字化的东西,那就忽略不计。比如,所谓的智商测量,IQ 能测数字能力、图形能力、逻辑推理能力等可以量化的能力,而想象力、联想能力、直觉这些能力不能量化,那就不计入智商了。

对于统计学、数据和概率的哲学反思,并不是否认大数据治理的巨大价值。但我认为,大数据不是什么全数据之下的必然性,它的作用是有限的,我们必须要知道大数据的使用是有边界的,否则就会误入歧途。而将大数据运用于社会运行策略当中,本质上是政治问题,而不是纯粹的技术问题,因为大数据并不能提供一个绝对真理的基础,可以把我们的行动从真理中推导出来。所以,关于大数据与计划经济的讨论,本质上是社会制度安排问题,而不是纯粹技术问题。进一步而言，即便我们知道了真理，也推导不出我们应该如何行动，这就是休谟著名的“是与应当”的二分。吸烟有害身体健康，但推导不出我不能吸烟，我可能觉得吸烟比我的健康更重要。在我的理论中，这称为“治理转译问题”。

总之，数据当然是发现世界的一种方式，但不是唯一的方式，不是说只有数据世界才是真实世界，不可量化的世界就不存在。很多时候，不能在大数据中呈现的世界一样真实。如果我们把数据世界误认为唯一真实的世界，就会导致社会风险，如：权力过度集中、数据专家滥用权力、信息安全和隐私问题、精英主义弊端以及文化的单极化，等等。

可行的风险防范思路

大数据治理的风险防范，可以从各个方面想办法，防患于未然。我认为，结合国情，更可能落地的思路至少有两条。

一是制度主义的思路。我认为，技术治理最大的政治风险在于：专家权力过大，威胁民主和自由，极端情况下可能导致许多人所担心的机器乌托邦，即把整个社会变成大机器，而每个社会成员变成其中可以随时替换的小零件。机器乌托邦的典型意象，是好莱坞电影《黑客帝国》和《终结者》中的世界。所以，必须从制度上框定和限制大数据专家的权力，比如将其权力限制于政治上的建议权和实施权。社会权力除了政治权力，还有其他比如经济权力、学术权力、宗教权力等，专家只是掌握政治权力的一部分，就要受到平衡和约束。这属于我所谓的技术治理的再治理问题。再治理除了限制数据专家权力之外，还要有制度上的纠错机制。总之,我们要在制度上进行精密的设计,要警惕工程师滥用权力。

二是工程师教育的思路。我认为,纯粹的伦理讨论不会有什么实质的约束力,伦理考量要与制度设计紧密结合起来,实际上,制度正是伦理、风俗、文化乃至民族性在历史情境中的结晶,也就是说,制度设计不能脱离具体的国情。在大数据治理方面,数据专家是更能在技术当中贯彻我们的价值理念的。也就是说,我们不是等到大数据治理出了事,再来追责,而是要把伦理考量、风险防范提前到工程师的技术设计之初。这就是新近兴起的所谓设计哲学、负责任创新和道德物化等理论的主旨。譬如,许多轿车在驾驶员系好安全带之前不会启动,或者会发出噪音。驾驶员做出车该开多快的道德决定取决于途中的减速带,减速带设置的目的是:“在达到我之前,请减速。”拉图尔认为,此类轿车和减速带包含了道德。设计者赋予它们当驾驶员看到它们时就系安全带和不能开太快的责任。道德决定通常不是仅仅由人来做出的,而是由人与所使用的技术互相影响来形成的。这是拉图尔列举的著名例子,也就是说,工程师们在设计之初是可以把道德考量用技术形式加以体现的。显然,这种思路要求数据专家不仅懂技术,还要懂伦理和人文,这就需要对工程师进行伦理教育。当然,可以在设计阶段引入人文专家、伦理专家参与,但这毕竟不如将价值考量能力、风险防范意识直接灌输给数据专家。

“武士之境”：未来人类与全球技术治理

大家知道,威尔斯是著名的科幻小说家之一,与凡尔纳并称为科幻小说的鼻祖。他的名著《时间机器》(*The Time Machine*,1895)脍炙人口,还被好莱坞改编成电影,很多人应该都看过这部电影或者读过这本小说。

我研究技术治理理论,为什么研究威尔斯呢?难道他是技治主义者吗?是的,而且他非常有名。在西方社会中,反科学、反专家的老百姓怀疑专家搞阴谋,往往会提到“世界新秩序”(The New World Order),也可以翻译成“新世界秩序”,说精英们要建设的世界新秩序实际上是大阴谋。“世界新秩序”这个词是威尔斯在 1940 年提出来的:他写了一本名为《世界新秩序》的科学乌托邦著作,主张在世界范围内建立全球技术治理的新秩序。

鸟瞰威尔斯?

在技治主义者中,威尔斯独树一帜。我从两个问题来讲讲威尔斯思想的独特性。

第一个问题:德才兼备的专家掌权运行社会会怎么样?技术治理主张专家领导社会运行。对于中国人而言,光有知识,没有德行,不会是好的领导人,最好的领导者应该德才兼备。中式“德才兼备”中的“才”,在中国古代是熟读四书五经,写得一手锦绣文章,而不是科学技术知识和专业技能。

很多西方人攻击专家政治的理由就是:专家可能很坏,可能运用专业奴役世界,勾结资本家、阴险政客,残酷统治人民——我称之为“专家阴谋论”,这在老百姓中非常流行。在这次疫情当中,福奇在美国就遭到这种攻击,并收到死亡威胁。

于是,就有技治主义者设想:挑选德才兼备的专家,来实施技术治理活动,运行技治社会。其中,最有名的当属威尔斯提出的“世界国”(world-state),它由德才兼备的“武士(Samurai)来领导。这就是标题中的“武士之境”的意思。

必须指出,自 20 世纪 30 年代北美技术统治论运动兴起以来,技治主义思潮就对中国产生了很大的影响。不少海外学人将“中国模式”(China Model)归结为某种技术治理实践,即所谓“技治中国论”。而在这次新冠疫情的应对中,中国表现突出,原因被认为是技术治理能力突出。

第二个问题:能否实施一种全球技术治理?

3 月份以来,我和几个国家的哲学家合作,专门就各国疫情技术治理进行比较研究。大家都承认一点:技术治理手段运用得越好,疫情应对越成功,人民的生命财产损失越少。我们刚刚完成一本书《疫情应对与技术治理》,其中就谈到第二个疑问:我们能不能实施一种全球技术治理呢?

显然,病毒不分国界,由于当代交通网络之便利,新冠病毒很快全球传播,任何国家都不可能关起门来独善其身。即使是朝鲜,据传也有感染者。各国为什么不能相互协作,在世界性组织如世界卫生组织和联合国领导下,统一用科学原理和技术方法应对疫情呢?

对此,大哲学家米切姆评价道:"国际合作的要求从未比应对气候变化更迫切,但是我感觉从没有如此不可能。此次全球疫情证明了这一点。某种全球技术治理的协作和合作从未如此被需要过,但又从未如此地不可能过。"

恰好威尔斯的"世界国"就是一种全球技术治理理想。这就是标题中的"全球技术治理"的意思。

1919 年《凡尔赛条约》签订后成立的国际联盟(League of Nations,简称国联),以及 1945 年联合国(United Nations)的接替国联,威尔斯都是著名的呼吁者和推动者。在很多信奉阴谋论者心中,各种国际组织都是全球精英勾结起来压迫老百姓的工具。特朗普退出世界卫生组织,美国很多老百姓是支持的。

在技术治理理论中,威尔斯思想的位置在哪里呢?治理必须涉及人,技术治理是人与知识的结合。可以从人和知识两个角度对威尔斯的思想进行定位。

从人的角度看,要提高技治效率,有两条路可以走:(1) 训练出更好治理的被治理者,我称之为"能动者改造路径",比如训练出更好的劳动者;(2) 挑选更善于治理的治理者,我称之为"专家遴选路径",专家有好多种,主要有科技专家、工程师、管理者,还有人文社科专家、知识分子、心理治疗师等。我们往往是把两方面结合起来,既培训劳动者,也遴选治理者,对不对?

在《现代乌托邦》(*A Modern Utopia*,1905)中,威尔斯主张由"武士"来领导社会,注意他所说的"武士"并非日本农耕时代的好勇斗狠的武士。威尔斯的武士以理性为第一要务,掌握各种最尖端的科技知识,同时又具有极其高尚的品德。“武士”在现实中并不存在,而是存在于未来社会。

这很容易让人想到卢卡斯著名系列科幻电影《星球大战》中的“绝地武士团”(Jedi Order),他们是银河共和国的卫士。我最喜欢其中的尤达大师。绝地武士信条中就有探寻真知和保持理性的教导。卢卡斯深受威尔斯的影响。大家看到,绝地武士与日本武士非常不同,对不对?

在《神秘世界的人》(*Man like Gods*,1923)中,威尔斯直接将他认为的技治社会的未来人类称为“神人”(man like Gods)。在智力上、体力上和品性上,他们都远远超过我们。从某种意义上,他们已经不是人,而是从人类进化出来的“神”或“神人”。只有他们才能真正运转完美的技治社会。这就是标题中“未来人类”的意思。

未来人类怎么可能出现呢?威尔斯认为,要靠科学技术来改造现有的人类。具体来说,主要靠生物学的方法,提升社会成员身体和精神两方面的状态。从知识角度来看,以不同学科知识为基础的治理方案各具特色。威尔斯主要寄希望于生物学。

总之,“武士之境”“未来人类”“全球技术治理”3 个关键词凝练出威尔斯技治思想的精华。

未来人类

在威尔斯看来,对世界的思考首先要从思考过去转变为思考未来。

1. 思考未来

威尔斯对技术治理的思考,主要集中于他的科学乌托邦著作中。除了前面提到的《现代乌托邦》《神秘世界的人》和《世界新秩序》,主要还有《公开的密谋》(*The Open Conspiracy*,1928)、《未来世界》(*The Shape of Things to Come*,1933)等。有人甚至认为,技治主义的乌托邦构想,几乎成为威尔斯中后期作品的核心思想,而小说中的主角则是传播这类思想的说教工具。

科学乌托邦用预测的形式来表达思想。威尔斯偏爱科学乌托邦,是因为他认为思考未来比思考过去更重要。他区分了两种思想方式,即思考未来的方式与思考过去的方式。前者以未来为参照,将现在视为未来的准备和预演,属于更为现代的创造性思维。后者以过去为参照,将现在视为过去的结果和重演,属于更为传统的保守性思维。

未来是什么样子的呢?威尔斯认为,未来社会必然是技治主义的“科学世界国”,即世界性的技治社会。科学世界国是按照科学原则组织起来的世界国家或世界联邦,由专家掌握公共治理权力,领导国家前进。

2. 进步主义

在威尔斯心中,科学世界国不断进步,永不停止。他区分了两种类乌托邦,即老乌托邦和现代乌托邦。老乌托邦最大的特征就是,它达到某种完美而静止的永恒状态,不再需要做任何改进,像地上天国。而现代乌托邦不仅是理性和幸福的世界国家,而且不断进步,永远抱有新希望,永远不断上升。

威尔斯的这种想法,与当时流行的进化论和进步主义思潮一致。他大学学生物学,受到老师即“达尔文斗犬”赫胥黎的巨大影响。他对进化论颇有研究,还以科幻作品参与当时有关进化论的科学争论。

总的来说,威尔斯的进步主义基调体现在他思想的三个方面:(1)对科学技术的进步主义理解,即认为科学技术自身不断进步并不断推动社会进步;(2)对人性的进步主义理解,即对人性改造的乐观态度,认为人性可以不断通过改造而进步;(3)对制度的进步主义理解,即认为在科技进步和人性改造的基础上,社会制度将不断进步。

3. “制造公民”

早年威尔斯对科技实际是持怀疑态度的,这在《时间机器》中体现得很明显,但在后期威尔斯越来越乐观。威尔斯对科技的乐观主义,与他目睹20世纪之交现代科技的飞速发展有关。他十分关注科技发展,了解科技的最新进展,甚至对科技发展做出过高水平的预测。如在《获得自由的世界》(*The World Set Free*, 1914)中预言了核战争,将类似战争称之为“终结战争的战争”(war to end war)。不过,晚年的威尔斯也意识到,需要及时控制科技风险。

威尔斯对科技的乐观态度体现于他坚信用科技的方法对人进行大规模的改造,包括改造身体素质和道德品性。他相信,科技方法和运用科技的教育方法,能使得人性改变,日趋向善。他的这种观点,在《现代乌托邦》之后越来越明显。

第一,威尔斯相信人性向善,世界本质上是善的。武士最主要的信仰就是坚信人性善,否认原罪说。这与基督教是相悖的。请记住:西方普通民众对技治主义的一大批评,正是不信教。

第二,威尔斯认为,宇宙进化与道德无关,进化过程不会自行导致人类道德进步,不存在卢梭认为的“高贵原始人”。

第三,威尔斯主张对原始人类和原始人性进行改造。

最后，威尔斯相信科技手段对于控制和提升人性有益，尤其是科技提高生产力，减少人类劳动，有益于道德进步。

经过科技改造之后，未来人类的道德水平极高：高尚，完满，心灵纯洁，乐于奉献，与人合作，诚实勇敢，极富创造力，追求知识与艺术……“过着一种半人半神的生活”。未来人类从出生到生活、死亡，一切都被科学世界国用科技方法强力改造。

威尔斯认为，对人类的改造主要运用生物学、心理学和社会学的科技手段。所以，他赞同优生学，认为优生学措施清除人类自身的“杂草”。持续的优生优育，可以让人类不断进步。在威尔斯看来，人的社会性完全是“人造本性”(artificial nature)：“人是生出来的，但公民是制造出来的”。

显然，生物科技、基因工程可以和智能平台结合起来。正在兴起的基因编辑、人体增强以及人体克隆等想法，与威尔斯的 man like Gods(神人)思路是一致的，是“未来人类”梦想的最新突破。

4. 科技与人性

威尔斯的乌托邦以完美人性为基础。举个例子。在《神秘世界中的人》里，他设想的通讯方式类似今天的电话和网络的“分散—集中中转—分散”的信息系统，也想到中转信息可能被人用于犯罪和专制，但他认为未来人类完全不会这么做，因为这是千年前的野蛮行为。

网络社会的现状，恰恰是高科技与不完美人性相结合的样子。这个例子说明，威尔斯的乌托邦理想有问题。

第一，威尔斯对于科技发展的进步意义是否过于乐观了？的确，科技发展毫无疑问会推动生产力的进步，但生产力进步并不必然带来所有人福祉的进步，而更可能是让富者愈富穷者愈穷。

第二,科技成果运用于社会公共事务,与运用于自然界会一样有成效吗?对此,威尔斯也很犹豫。

第三,总体主义的乌托邦,难道不是如哈耶克所说,容易沦为极权主义专制吗?哈耶克最主要的理由是:人类要掌握设计复杂现代社会所需的全部知识和信息是不可能的。

最后一个疑问是:科技可以改造人性吗?我认为,这是威尔斯最大的问题。第一,关于科技有无改造人性的效力,并无一致结论。第二,就算有效,大规模、制度化人性改造的结果是人人向善,还是一批人被改造为奴隶、另一批人成为生物学意义上的主人而最终落入《时间机器》所预言的人族最终分化为两个对立物种的恐怖结局呢?

往更深处思考,有没有人人一致的人性?人性是善的、恶的还是一半善一半恶的?人性可能进化、改造和提升吗?设计人性是好的,还是极权主义的,甚至是会毁灭人类的?这样的问题从来就没有得到很好地回答。

因此,如果未来人类不能被"制造"出来,科学世界国如何实现呢?在《未来世界》中,他预计 20 世纪 60 年代会建成科学世界国,实际上至今科学世界国还遥遥无期,现在连欧盟都摇摇欲坠。

"武士之境"

谈完未来人类的问题,再看看威尔斯是如何设想武士及其治理的。

1. "武士之书"

威尔斯的早期作品对专家政治有所质疑,如《当睡者醒来时》

(*When the Sleeper Wakes*,1899)就表达了如此忧虑。

在主角格雷厄姆从昏睡中醒过来之前,统治世界的权力由托管财产委员会的专家掌握,他们精通金融和科技,使得格雷厄姆的财产不断增长,人们像蜜蜂一样被组织起来,昏睡的格雷厄姆则是其中的“蜂王”。

以格雷厄姆名义进行革命的奥斯特罗格,代表着另一批专家,他们想办法让主角醒来,煽动工人的革命情绪,推翻了托管财产委员会的统治,但他们并不想真正改变原有的专家统治,反过来又对劳动人民进行镇压。

最后,男主角又加入群众,赶跑了奥斯特罗格。

威尔斯并没有意识到《当睡者醒来时》描述的问题不在于科学技术,而在于资本主义。书中的两拨专家都是打着科技的名义,实际上执行的是金钱或资本的统治,不是真正的技术治理,而是“伪技术治理”,实质上的奴隶制极权主义。

后来,威尔斯强调专家必须要“德才兼备”。在《现代乌托邦》中,他描述的武士阶层,就是这样“德才兼备”的治理者。

理论上所有成年人可以自愿申请成为武士,但一要受过大学教育或通过大学水平考试,以证明自己在教育和科学方面的能力;二要有专门技艺,即从事过医生、律师、军官、工程师、作家、艺术家等专业工作;三要有学习抽象的《武士之书》(*Book of Samurai*)的能力。

申请成功之后,要受专门训练,尤其要学习《武士之书》,自愿遵守《武士守则》(*Rule*)。《武士守则》包括三部分的内容:(1) 成为武士的资格。(2) 禁止做的事情。(3) 必须做的事情。比如说,武士应该有良好的体力状态,应该素食,保持贞洁,虽不一定独身,4/5 的夜晚独自睡觉,冬天武士必须要洗冷水澡,每天都得刮胡子,必须服从命令,等等。武士遴选不歧视女性,女武士有相应的训练和规则。

科学世界国的领导职务,只向训练合格的武士开放,具体职位分配由抽签解决。正如有人评价的:"威尔斯的乌托邦是一个由律己的、有社会头脑的和为人们公认的专家们所统治的世界!"

2. 武士"当国"

威尔斯主张,武士必须是学者,强烈推崇科学和理性,亲自参与研究。然后,武士要对社会其他成员进行教育,而民众需要接受终身教育。他们运用的技术既包括自然技术,也包括社会技术。也就是说,掌权的专家必须履行的主要职能是:研究自然和社会、教育民众和控制社会。

在技治社会尚未到来之时,信仰世界主义的知识精英们包括科学家、社会学家、经济学家、知识分子、工程师、建筑师、技术工人、工业组织者、技术专家等——这些人都属于威尔斯划定的专家范围,应当率先行动,宣传教育群众,发动革命。

至于专家政治是否是集权的,威尔斯并没有定论。在《现代乌托邦》中,公共治理职位由武士掌握,武士组织委员会,对武士事务进行管理,其他阶层基本是干涉不了的。在武士内部,也是有层级的,根据资历和能力不断晋级。

而在《神秘世界中的人》中,整个星球没有中央政府,依靠分散式专家治理社会:任何具体公共事务的处理意见,都由最了解该事务的人来提出。但是,专家并不能将自己的意见随意强加于别人头上。

3. "技治术"

武士"当国",会推行哪些技术治理措施呢?

(1) 世界计划。

世界国的经济是计划的经济,是世界范围内合作的经济。世界国科技高度发达,整个社会充分组织,社会个体和自然资源被全面计划,对整个地球进行有计划的改造和提升。

全球应对新冠疫情的混乱局面,凸显了在控制传染病方面的全球无计划性。

(2) 能量券与黄金并存。

世界国仍然使用黄金为货币,同时用能量为单位记账,地方政府用能量凭证(energy note)而不是黄金来交易,不受通货膨胀的影响。

(3) 社会测量。

世界国要对社会方方面面的状况,包括人的状况进行测量,以数据为基础来建立整体的乌托邦社会。社会测量的理想悠久,但到今天大数据时代才真正成为可能。

(4) 大工程和社会工程。

世界国不断推动诸多如建造巨大水坝、改造生物和控制气候之类的大工程(vast engineering)。大工程不仅是纯自然工程,还包括许多社会工程。这是因为世界国社会科学发达。

(5) 国有化。

威尔斯没有提出取消私有制的主张,但主张推进国有化程度,尤其是交通、基建和通信等大型公用事业应该交给国家管理。

在土地方面,威尔斯赞同公有私营的主张,也就是说,世界国在理想状态下是地球土地的唯一所有者,各级地方政府辅助管理,再转交私人经营,这种委托私人经营有较长的期限,不可随意转变。

威尔斯的国有化主张不是出于消灭剥削的目的,而是为了增进整个社会的计划程度和可控程度,使社会运行更加科学化。

4. “费边技治”

威尔斯推崇技术治理,他认为,当时英国社会需要进行技治主义和费边主义(Fabianism)相结合的改造,还一度对列宁的苏联非常欣赏。

1903 年,威尔斯加入费边社,后来又退出,他的思想中有很深的费边社会主义思想的烙印。费边主义是一种主张对资本主义进行渐进式改良的民主社会主义思想——费边是罗马将军,打仗就靠“拖”,拖住敌人,费边主义中的“费边”表达的就是一点一点前进的意思。

费边主义认为,社会主义根本上是一种道德信仰:“使人人有同等机会、保证人人享有基本的生活水平、民主自由”,而不首先是某种经济制度,社会主义并不必然是公有制的,私有制也可以为社会主义目标服务。

实际上,威尔斯的技治主义与费边社会主义有很多类似之处。比如,对私有制的态度,主张人人机会平等,保障弱者的基本生活,坚持民主自由,渐进改良。还有费边社会主义者也主张国际主义,致力于在全球范围内建立社会主义。

因此,在《现代乌托邦》中,威尔斯认为,世界国是个人主义与共产主义—社会主义的融合。在后期,他则一再宣称,他提倡的乌托邦实际上就是保留一些私有财产的共产主义社会。

显然,威尔斯的世界国与真正的社会主义有本质差别。比如,马克思主义者主张公有制,由工人阶级而非专家领导社会,等等。因此,列宁批评威尔斯是资产阶级思想,他对此也无异议。

然而,必须承认:威尔斯的思想尤其是后期思想,受到社会主义和共产主义的很大影响。比如他想象国家消亡,准按需分配,消除失业,随心所欲地变换职业,人人以服务他人为荣,等等。他的思想与社会主义、共产主义的复杂关系,容易让人产生如下联想:(1)“武士团”与革命的无产阶级先锋队有没有神似之处?(2)社会主义“新人”属不属于未来人类?(3)无产阶级没有国家,世界共产主义与全球技术治理这两种梦想有什么关联?

这些有趣的问题,大家可以用唯物史观进行深入的分析和批判。

全球技术治理

最后我们要讲的问题,是威尔斯的全球主义与技治主义相融合的思想。

1.“世界新秩序”

威尔斯认为,科技不断进步,促进人性不断进步,两者共同决定社会制度不断进步。那么,制度会朝着什么方向前进呢?他认为,大方向是走向世界集体主义(world collectivism),最终建立“世界新秩序”。

威尔斯很早就提出了世界政治共同体的主张,这在他的很多作品中都有体现。他不是第一个提出类似思想的人,但他是系统描述而且影响最大、并且为联合国诞生做出最大贡献的思想家之一。他指出,老乌托邦都是与世隔绝的,而现代乌托邦则囊括整个世界。

1940 年,威尔斯出版“世界新秩序”同题著作,总结他对世界国家和世界政府的观点,为成立联合国大声疾呼。当时,纳粹崛起,全世界都嗅到战争迫近的气息。如何避免世界大战?既有的世界政治秩序的问题在哪里呢?如何才能实现世界和平?威尔斯以及当时许多仁人志士都在思考类似问题。

在威尔斯看来,问题的症结在于:既有世界秩序是国家个人主义(nationalist individualism)系统,各国只考虑自身利益最大化,相互不合作、不妥协,各国混战,人类到了快要灭绝的地步。因此,当务之急是研究如何实现世界和平的有用知识,并且各国必须愿意为实现世界治理付出代价,放弃只考虑自己的个人主义,走向世界和平的“新世界秩序”。

我们联系新冠疫情的情况,想一想威尔斯说的有没有道理?

2. 全球秩序

在全球技术治理下的社会,其秩序性远远超过当前水平。

在《神秘世界中的人》中,威尔斯设想数千年之后中央集权的权力机构消失,人类进入自组织时代,但世界不仅没有陷入无序,而是更加秩序井然,当代社会与之相比只能被划定为混乱时代。自组织起来的社会中,到处都有专家来建设和维护秩序。秩序不仅被施加于个体、群体和社会,也施加于生物、生态环境和整个自然界,比如气候和生态完全被改造,有害生物、传染病和寄生虫全部被消灭,凶猛动物野性被抹杀,甚至棕熊被改吃了糖果素食……人类完全按照自己的意愿控制着整个自然世界。

世界国要建立全球秩序。“世界新秩序”理论主要讨论两个问题,即如何实现新秩序,以及新秩序是什么。主要观点包括:

(1) 召开公开会议讨论世界和平问题,而不是秘密决定世界政治秩序。

(2) 要反对各种破坏性力量,转向世界集体主义的全球化融合。

(3) 在全球范围内推行集体化(world-wide collectivisation),这意

味着增加对经济和政治的控制,也意味着社会主义趋势不可避免。

(4) 成立国家联盟,以此推动政治领域的集体化,推动世界主义进程。

(5) 世界新秩序的三大核心支柱是:集体化、法治和知识。在威尔斯看来,更多的集体化、更好的法治和更实用的知识,最终都是为了提升整个人类的福祉尤其是保护人的权利,因而将之归纳为“世界团结的社会主义”(consolidating world socialism)。

(6) 世界主义知识分子要教育人民,用客观的现代宗教代替基督教。大家看到,这里威尔斯再一次表达了反基督教的观点。

在社会秩序方面,世界国进入前所未有的控制时代。

第一是全世界统一语言,或者是改造过的英语,或者是一种像数学公式一样的科学语言。

第二,对世界范围内的经济和贸易活动进行严格控制,惩罚个人浪费。

第三,干预个体和群体的生活方式,比如全球统一住宅模式,科学规划城市,全球禁酒(威尔斯的理由是:喝酒是因为生活无聊,世界国生活不无聊所以不应该喝酒)。

第四,对人的肉体和精神进行深度改造和设计,控制人口数量,不断提高人的寿命,等等。

第五,对社会生活进行重新地科学组织,比如家庭凝聚力下降,家庭不再是社会核心,家务社会化,婚姻制度在遥远的将来甚至被取消,没有传统宗教,没有神殿庙宇,没有对动物的虐待。

最后,对科技进行控制,极其重视科技在社会控制中的作用。世界国垄断和控制了飞行和航海的技术,成立海空控制委员会(Air and

Sea Control),以此将最强大的军事力量控制在自己手中。

3. 个体自由

“世界新秩序”的秩序性这么强,还有没有自由?威尔斯的回答是,对秩序的强调是为了保证人民的全面自由,或者说用集体化和法治来保证人权。也就是说,技术治理的秩序主义要受到自由原则的约束。

威尔斯并不认为技术治理必然与自由相冲突。他认为,现代人是社会生物,自由不等于绝对自我意志自由,要实现的是“在社区中的个体自由”,强调自身意志与他人意志之间的妥协和折衷,否则就是“狂热而错误的个人主义”。也就是说,个体自由只能在集体中存在,而国家的某些禁令增加而不是减少了自由的总量,法律多少并不与自由成反比。所以,威尔斯主张的自由是集体主义的有限自由观。

在《神秘世界的人》中,威尔斯归纳了技治社会要遵循的5项自由原则:

(1) 隐私原则:个人隐私非经个人允许不得公开,但个人有义务响应公共机构统计数据的需要。

(2) 行动自由原则:即自由旅行和自由移居。

(3) 知识共有原则:除了法定不得公开的内容,任何人均享有查阅任何知识的自由。

(4) 反对说谎原则:非为法定原因,任何机构和个人不得隐瞒事实真相,保证公民了解真相的自由权利。

(5) 言论自由原则:任何人都可以自由发表意见,提出批评,但不能捏造事实。

后面三条原则与知识、真相和言论相关,说明威尔斯更多强调的是自由创造和获取知识。

4. 自由与秩序

自由与秩序之间存在明显的张力,这是政治哲学的难题,威尔斯尝试将两者通过科技统一起来。为什么?他认为,技治社会要以科技发展为基础,科技发展需要个体创造力,创造力爆发需要自由;反过来,学术自由促进科技发展,科技应用赋予人类力量,来改造自然、社会和自身,世界越来越远离“原生态”,也更有秩序。

越来越多的自由真的带来越来越多的秩序吗?新冠疫情中,我们看到更多相反的情况。威尔斯的集体主义自由在现实中不是不可能,但是很难实现。比如,他设想的世界国的理想工厂,是由雇主和工人之间相互协商来管理的,尤其工资是由双方协商制定。这种观点在现实中从没达到理想状态,结果要么是“血汗工厂”,要么是工人罢工和暴力反抗。

威尔斯非常厌恶摧毁秩序的暴力革命。但是,过度的社会控制,太精致的秩序,不会损害自由吗?对此,威尔斯始终担忧。他的早期作品《莫罗博士岛》(*The Island of Dr. Moreau*,1896),就批评了完美秩序理想。

在孤岛中,莫罗博士将动物改造为兽人,并在一个助手的帮助下维持着岛上的“准”社会秩序,最终出了事故,导致莫罗身死而整个岛上的兽人秩序崩溃,兽人均退化回野兽。

兽人身上的兽性强烈,人性新立,莫罗用强力的科技手段压抑兽人的兽性。他主要采取两种办法:(1) 手术治疗;(2) 技术催眠。手术治疗用手术改变某些生理结构,去除兽性。技术催眠将莫罗规定的社会规则植入兽人的意识中。

除此之外,就是对违规者残酷而公开的惩戒,杀鸡儆猴,震慑兽性。

可是,有一只美洲豹兽性改造没有完成,挣脱枷锁跑了。它兽性大发,激起其他兽人的兽性。在追捕美洲豹的过程中,莫罗死了。虽然美洲豹被干掉了,但兽人将莫罗视为神,现在他居然会死,整个岛上以莫罗规则为支撑的社会秩序很快崩溃。

显然,这部小说强烈表达了威尔斯对极权控制的担忧,后来他对科学的社会控制越来越乐观,但无法否认技术极权的可能性。

威尔斯不得不承认,世界国并非平等社会,而是努力追求平等的社会。世界国将社会成员分为四大等级:即诗意者(Poietic)、活力者(Kinetic)、愚钝者(Dull)和卑劣者(Base)。四大等级的划分根据是个体的创造力:诗意者善于创造,多数是科学家、诗人和哲学家;活力者善于想象,是受教育的良好对象;愚钝者没有那么聪明,但守规矩;而卑劣者智力平平,情绪不稳定,自私自利,不诚实,有暴力倾向。

威尔斯一再解释:这种划分是为了政治实践的需要,尤其是选领导者的需要,划分基于个体先天差异,而不代表权益差别,加上四大等级不是继承式,因而世界国主张人人平等。但实际上,后两个等级基本被排除在武士阶层之外,没有公共治理的权力。因此,威尔斯的辩解没有太多力量。

公开的社会等级制完全不符合现代民主制的精神,一百年后极易让人反感,最新批评类似等级制的好莱坞科幻电影《分歧者》(*Divergent*,2014),就设想了一些可以在不同等级之间变换的人,最后他们发起了革命,推翻了等级制度。

总之,科技与自由、秩序的关系远比威尔斯所想象的复杂得多。

威尔斯并没有忽视对科技发展的社会控制问题，但是没有深入理解科技与自由、秩序的辩证关系。我认为，自由与秩序之间的张力，关键之处是对社会个体控制的限度问题。合理的社会控制是必须的，但超过限度将变成极权操控。至于这个限度，必须在具体语境中讨论。

专家阴谋论

本文我讲的题目主要涉及我研究中的一个小问题,即专家阴谋论的问题。

技术治理的思想兴起之后,在西方国家就受到了各种各样的批评。要说在现实社会中影响最大的批评,当属专家阴谋论。与技术治理相关的阴谋论五花八门,基本叙事框架一般是:一小撮失去良知的专家秘密组成小集团,与巨富资本家、顶级政客勾结起来,利用最新的科学技术手段,密谋并秘密实施奴役普通民众的计划。因此,可以称之为"专家阴谋论"。由于学者偏爱精深而严密的意识形态理论,因而常常低估阴谋论对社会思想的重大影响。实际上,无论古今中外,阴谋论对普通民众的吸引力巨大,在技术治理领域亦是如此。

机器乌托邦流行

和其他形式的阴谋论一样,专家阴谋论也与时代背景高度一致,在当前智能技术高歌猛进之际,与智能革命的大背景联系非常紧密。专家阴谋论的兴起,与大众文化、流行文化的影响关系极大,尤其是辐射全球的好莱坞科幻文艺,它广泛传播了一种关于技术治理的"机器乌托邦"意象。

长期以来,西方主流舆论对技术治理已经形成了某种负面成见——最著名、最流行的具体意象是电影《摩登时代》中的流水线和小说《一九八四》中的电幕。相比于西方文化,当代中国以及其他发展中国家往往对技术治理的看法要积极许多。

在西方成见之中,技术治理基本上等同于走向某种"机器乌托邦"——整个技术治理的社会目标就是成为一架完整、严密和强力的大机器,每个社会成员均沦为社会机器上的一个随时可以更换的小零件,和钢铁制造的零件没有实质的差别。而"机器乌托邦"与专家阴谋论往往是结合在一起的,也就是说,机器乌托邦台前幕后的残酷统治者往往被设想为邪恶的科学家和技术专家。

普通民众并不关心理论问题,也没有对流行观点的反思习惯和能力。因此,机器乌托邦意象的流行,以好莱坞为代表的西方科幻文艺可以说是居功至伟。当代西方通俗科幻文艺作品,流行对科学技术发展及其在自然界和社会的应用进行质疑和嘲讽,换言之,敌托邦态度在当代西方科幻文艺作品中占据了主流,这对西方民众关于技术治理的成见尤其是专家阴谋论的形成产生了最重要的影响。

乌托邦写作在西方由来已久,可以追溯至柏拉图的《理想国》。在批判和否定社会现实的基础之上,乌托邦对完美社会进行理想规划和理性设计,属于一种社会思想实验。乌托邦可以粗略地分为人文乌托邦和科学乌托邦,前者比如莫尔的《乌托邦》,把通往完美社会的希望寄托于人性转变和道德提升;后者比如培根的《新大西岛》,主张以科学技术为基础建构理想社会。科幻作品大量出现和流行,成为现当代西方文学的特色之一。科学敌托邦是一种悲观主义的乌托邦写作,是科学乌托邦的对立面,构想的是科学技术发展导致未来社会落入全面异化、自由丧失、极权专制和冷酷无情的悲惨境遇。总的来说,科学乌托邦与敌托邦均相信科技决定论,即自主发展、人无法控制的科学技术决定人类社会的未来命运。

从历史维度上看,西方乌托邦写作在20世纪总体上经历了从乐观到悲观的转变。早期的科学乌托邦小说多数将科技进步等同于社会进步,将科技进步等同于乌托邦本身,将社会治理问题还原为科学技术问题,这种乐观精神在19世纪末20世纪初达到了顶峰。但是,两次世界大战爆发,极权主义国家兴起,原子弹爆炸,之后环境、能源、人口和气候等全球性问题爆发,科学技术发展的负面效应日益彰显,西方公众对科学技术主导的未来之想象逐渐走向了悲观的另一极。可以说,"敌托邦叙事很大程度上是20世纪恐惧的产物"。

美国公众对技术治理的想象很明显就经历了如此转变。美国人一直相信人类社会进步依赖于民主与科学的组合,对将科学技术应用于社会治理和公共事务是持欢迎态度的,这正是技治主义在欧洲产生却大兴于美国、并在20世纪三四十年代率先掀起实践技治主义的北美技术统治运动(American Technocracy Movement)的重要原因。彼时美国人民对技术治理的支持态度,可以在亨利·乔治的《进步与贫困》(1879)和爱德华·贝拉米的《回顾:公元2000—1887年》(1888)的畅销中得到佐证。

亨利·乔治指出,科技和工业的飞速发展在现实中没有缓解而是加剧了贫困,说明问题不在于生产而在于分配,应该在对分配规律实证研究的基础上设计科学分配,以此消除贫困。虽然他给出的土地公有并征收全部地租的方案明显有问题,但以科学原理和技术方法解决贫困问题的进路却是应者云集。

《回顾》是美国最著名的技术治理小说之一,影响了美国技治主义理论集大成者凡勃伦。他想象了波士顿未来一百多年的发展,凭着直觉指出以彼时美国的科技生产力,如果更科学地设计社会制度,所有的社会个体都可以过上舒适的物质生活,而在经济安全基础上,人类可以创造完美而辉煌的新生活——“从那时开始,人类进入了精神发展的新阶段,一种更高的智能的进化过程。”

第二次世界大战之后,美国民众开始怀疑科学与民主是自然同盟的假设,要求认真思考科学和科学家在民主政治和宪法体制中的地位问题。以艾森豪威尔的告别演讲为标志,他提出要警惕科学与军工的共谋,人们开始怀疑科学发展能否与美式代议制政府兼容。这与当时更大的文化背景有关,即美欧学界对包括理性与自由政府结盟等各种启蒙信念产生了怀疑,美国科学家则对技术治理的兴趣不大。

与此形成鲜明对比的是,第二次世界大战之后苏联主流思想对于将科学用于政治领域非常乐观,认为共产主义体制是唯一能让政治建基于科学方法的路径。关于这一点,作为当代科学乌托邦写作的最典型代表,美苏科幻小说基本旨趣的差异可以作为佐证:苏联科幻多为进步幸福的乌托邦式的,尤其是以别利亚耶夫的《跃入苍穹》为代表的太空探索小说,而美欧科幻多为专制暴政的敌托邦式的。并且,苏联官方哲学坚持马克思主义和辩证法是科学,认为不仅政治而且自然科学如物理学均须接受辩证法的指导。在此背景下,苏联很多科学家对于技术治理是支持的。“更近的是,苏联征服太空变成了把马克思主义哲学传播至太空的方法。”在 A. 托尔斯泰的科幻小说中,苏联红军甚至借助火箭登上火星,通过革命推翻了火星人的统治。而在当代中国,马克思主义也被作为科学,坚持以马克思主义的思想指导中国特色社会主义建设,实际兼容着某种用科学技术治理社会的意味。

当代西方好莱坞式科幻影视极尽渲染“机器乌托邦”和专家阴谋论之能事。正如美国科幻大家阿西莫夫(Issac Asimov)指出,当代美国科幻电影不是乌托邦的,而是反乌托邦的。电影的主人公要么出身复杂,比如是不知道自己真实身份的克隆人(《冲出克隆岛》),或者克隆人与人繁殖的第一个人(《银翼杀手 2049》),要么遇到罗曼蒂克的挫折,比如爱上机器人(《机械姬》)或人工智能(《她》),要么就是为所栖身的社会制度感到深深的不安(如《华氏 451》《高堡奇人》),要么干脆就是在一个即将毁灭或已经毁灭的世界中挣扎(如《我是传奇》《机器人瓦力》《9》),所有的痛苦都指向科学技术的发展以及控制科学技术的科学家、政客和狂人。在西方科幻敌托邦文艺作品中,目前最流行的有三种:赛博朋克与机器朋克文艺(机器、怪物和幻境横行的未来世界)、极权乌托邦文艺(以科学技术为手段的残酷等级制社会)、AI 恐怖文艺(机器人对人类的冷血统治)。

与技术治理形象塑造最为相关的文艺作品,当属流传极广的“反乌托邦三部曲”:扎米亚京的《我们》(1921)、赫胥黎的《美丽新世界》(1932)和奥威尔的《一九八四》(1950)。按照 D. K. 普赖斯的说法:“建基于技术而非迷信之上的社会,变成了最貌似有理的暴政体制。”

最新的著名科学乌托邦作品是美国心理学家斯金纳的小说《瓦尔登湖第二》,这部行为工程幻想小说虽然创作于 1948 年,但开始流行却是在 20 世纪六七十年代,在现实中甚至一度引发行为主义社区在美国各处的尝试性实验。《瓦尔登湖第二》的初衷是描述以行为主义心理学为基础的理想社区运行蓝图,但它的核心主张即用行为工程对每个社员从一出生起就进行心理学改造,消除妒忌心、竞争心等斯金纳认为的非合作情绪、心理和个性,引起反对者对自由侵害和极权控制的极大忧虑,因而被很多人视为实质上的科学敌托邦作品。总之,科学敌托邦文艺作品盛行,对西方普通公众当中流行的专家阴谋论的形成影响最大。

理论型专家阴谋论

分析了专家阴谋论流行的最重要成因,接着我们以两个人的思想为例子,深入讨论一下专家阴谋论的观点。

先来看伍德(Patrick M. Wood),他的思想在专家阴谋论当中属于比较理论化的,看起来有一定的逻辑性、整体性和论证性。在《技术治理兴起:全球转变的特洛伊木马》(*Technocracy Rising: The Trojan Horse of Global Transformation*)中,伍德集中表达了他的专家阴谋论。他的观点一言以蔽之:“新世界秩序的特洛伊木马不是共产主义、社会主义或纳粹主义,而是技术治理。”也就是说,世界已经被全球极少数精英所操控,正在将它引入技治主义的乌托邦之中。

伍德对技治主义的理解非常宽泛和模糊。他认为,技术治理实践可以追溯到优生学运动、俄国革命、费边社会主义和北美技术治理运动等;技治主义思想渊源包括实证主义、唯科学主义、进步主义、达尔文主义、法西斯主义、社会主义和费边主义等,是思想“大杂烩”;技治主义者成分也很复杂,包括科学家、发明家、工程师和其他社会精英。总的来说,技治主义的基本主张包括:(1) 反对资本主义制度;(2) 计划分配财富;(3) 工业国有;(4) 专家而非政客统治;(5) 以社会进化思想指导未来发展;(6) 科学至上,反对正统基督教。技术治理本质上是乌托邦社会工程,整个社会都要按照技治主义者设计的科学方式运转,尤其是安排生产和提供商品、服务。技术治理的直接目标是建立经济乌托邦,放弃价格为基础的经济,而支持能量或资源为基础的经济。技术治理运用的并非自然科学知识,而是圣西门、孔德等哲学家提出的科学方法,即实证主义方法。

智能技术是当代最新技术治理的基础。伍德认为,全球技术治理的阴谋必须以最新的智能技术在公共治理中的应用即智能治理为基础。最重要的是以全球智能网络(global smart grid)为基础的能量控制,因为以能量来测量社会是技术治理的核心主张,如今可以在智能电网中实现。除了电力,全球智能网络还可以控制水、天然气等基本物资。其中物联网技术尤其重要,它可以连接万事万物,无须人的介入。规则由程序员在技治主义者指导下写好,技治主义者主要制定政策。没有全球智能网络,技治主义者没有办法控制能量和物资的分配和消费。因此,技治主义者全力推进智能革命,推崇大数据和数据融合。技治主义者必须实现完全监控社会(taotal surveillance),工程师们要监测一切,需要技术治理,需要完全的数据采集,在此基础上控制社会。对于技治主义者来说,数据越多越好。

在伍德看来,今天技治主义的目标是在全球范围内实施技术治理,而不是局限于某个国家,技术治理的领域亦不止于经济,而是要将整个社会包括经济、政治、文化、社会、宗教等全部整合在一起。在历史上,北美技术治理运动极其有效地传播了技治主义,但并没有被当时的美国主流社会接受,罗斯福总统采纳了一些技术治理措施,但没有把权力交给技治主义者。之后,技治主义者在美国被打压,在20世纪70年代由以布热津斯基为首的新技治主义者复活,最重要的新技术治理组织是行事极其低调的三边委员会(Trilateral Commission)。它于1973年主要由D. 洛克菲勒和布热津斯基发起成立,由美日欧顶尖的政治、经济和学术精英组成,推行"国际经济新秩序"技术治理方案,其成员占据了多国的政府、商业和学术的关键位置。伍德认为,布热津斯基在其名著《两个时代之间》中主张的电子技术时代实际上就是全球技术治理时代。三边委员会策划了中美重建外交关系、解体苏联、统一德国以及"颜色革命"、创建欧盟、推动扩展WTO等全球重大的政治事件,目的不是要反共产主义,而是建立受其操纵的统一的世界秩序,朝着专家统治的时代前进。

技治主义者实施了哪些举措? 按照伍德的归纳,技治主义者核心经济主张包括:(1) 废除货币,代之以能量券;(2) 按照功能序列(functional sequence)运行经济;(3) 实现经济的平衡负载。伍德认为,这就使得奥威尔《一九八四》式的监视不可避免。技术治理对绿色经济的强调,实际就是实现平衡负载即产销平衡。

在国际事务中,技治主义者不遗余力地推进全球化。联合国被三边委员会所控制,用来推进全球化,全球性问题被提出来就是为在全球推进技术治理寻找的借口。全球技治主义精英协调合作,窃取国家权力,《21世纪议程》、可持续发展等都是包藏祸心的"特洛伊木马"。

在政治上,技治主义者悄悄把资本主义转变成技治主义,中国也被三边委员会控制,慢慢从社会主义变成了技治主义。技术治理逐渐抹杀国家主权边界,按照功能序列建立政府,实现工程师掌权。在伍德看来,专家政治是非选举的专家实施规章管理(regulatory management),而传统政治是选举官员实施政治统治(government),技术治理政策由技治主义者设计,地区治理结构取代了主权国家的治理模式。

在社会方面，优生学是主要的技术治理手段，对人口实施总体控制。在环境保护方面，主张可持续发展和碳金融。在西方日益流行的碳金融是以碳为基础的能量凭证，不再是以价格为基础的货币，实际上是技术治理新措施。

在法律方面，技术治理破坏法治，以科学技术名义的法规、政策代替民主选举和宪法制度。

在教育方面，推行教育国际化，在全球范围挑选、培训和联合精英。

在宗教方面，技治主义者是反基督教的，比如圣西门提出的新基督教、孔德提出的人道教，都是世俗的人道主义信仰，在其中科学家和工程师取代了教士，用经济和政治的救赎取代灵魂的救赎。

总之，技术治理的触手伸向了科学持续发展、绿色经济、全球气候变化、碳排放交易、《21 世纪议程》规划、国家核心标准制定、智慧城市、智能电网和人口控制等大量的重大治理事务之中，将它们变成实施技术治理阴谋的途径。

在伍德看来，技治主义的根本错误在于：把人完全看作被自然规律和历史规律支配着的存在，而人的最高目标是融入社会整体，进行新的技术创造。换句话说，人不是自然的仆人，而是世界的主宰。技治主义者自视掌握了规律，只有他们能挽救我们。伍德认为，技治主义以科学之名在全球范围兴起，实质上是一种欺骗，因为它承诺的美好生活根本不会实现。

流言型专家阴谋论

伍德的专家阴谋论具备较为成熟的理论形态，而凯斯（Jim Keith）

观点的非理性特点更明显。在《心灵控制,世界控制:思想控制的百科全书》(*Mind Control, World Control: The Encyclopydia of Mind Control*)中,他的观点是:"真正的敌对不是美国对苏联,或者政治左派对右派,而是那些操纵历史之阴阳的人。"谁是"阴"呢?巨富、顶尖科学家和大政治家组成的技治主义精英集团,他们是时刻密谋控制普通民众的阴谋同盟,他们通过各种心灵控制(mind control)、组织和行动来控制整个世界。

凯斯的叙事缺少内在的关联性,似乎被公众疑虑、恐惧和反对的东西,都是技治主义者的阴谋。凯斯认为,技治主义付诸实际始于20世纪之交被人们热议的未来设想,即世界新秩序(New World Order),著名科幻小说家威尔斯是它最重要的代言人。在他的小说《未来之物的形成》(或《未来世界》)中,威尔斯想象了一个由少数精英、白种英国人及其美国伙伴通过世界国来控制地球的计划,而创造世界新秩序的责任归于科学家和技治主义者。这本书是以一个2106年的未来人的口吻写出的回顾过去一个半世纪的编年史。

凯斯认为,威尔斯设计的技治主义蓝图,后来被精英们秘密地稳步推进,其中的关键就是研究和推行心灵控制技术。技治主义者成立低调的精英组织如英伦圆桌(British Round Table)、德裔血统协会(German-spawned Skull and Bones Society)、罗德圆桌(Rhodes Round Table)等,将巨富家族(如洛克菲勒家族、摩根家族等)、顶级专家、著名大学和学术机构以及精英政客纳入其中,秘密推进世界新秩序,而联合国不过是技治主义者推行世界控制蓝图的工具。

凯斯细致地想象了专家们控制世界的主要措施:

(1) 推行优生学计划。优生学主张通过科学方法"优化"人种,用安乐死的方法消灭所谓“劣等”人群。精英集团成立了一些优生学研究机构,向政府兜售相关的人口控制政策。凯斯认为,技治主义者支持过纳粹的优生学计划,是纳粹的真正缔造者,纳粹的理想社会蓝图和技治主义乌托邦差不多,除了一点,即技治主义者反对国家主义,主张建立“世界国家”。

(2) 推行心理学控制。在凯斯看来,心理学研究尤其是行为主义心理学,是以生理学为基础的,基本上是心灵控制阴谋的产物。从冯特、华生到斯金纳,很多行为主义心理学家得到过精英资金的资助。凯斯认为,冯特的研究完全把人当成软体机器,可以进行技术操控。斯金纳的名著《瓦尔登湖第二》是世界控制哲学的清楚表达,而教育在斯金纳看来就是人类行为控制工程。心理学研究成果被应用于普通教育之中,这种普鲁士教育得到了美国的支持,因为国家已经为少数阴谋者所控制。精英们建立了许多心理学研究机构,如英国塔维斯托克研究所(Tavistock Institute)、英国国家精神健康协会以及与后来的世界卫生组织有关的世界精神健康联盟。

(3) 支持建立情报部门。精英们在西方尤其是英美支持建立情报部门,包括美国的战略服务办公室(OSS)和中央情报局(CIA),资助它们进行很多心灵控制研究如 MKULTRA 项目。情报部门进行了许多使用药物、催眠等心灵控制技术的研究和应用,它们得到了技治主义组织的大力支持,目标是把赫胥黎的小说《美丽新世界》变为现实。在凯斯看来,赫胥黎的《美丽新世界》和奥威尔的《一九八四》被称为反乌托邦小说,但实际上作者都是支持精英主义计划的,属于技治主义者。奥威尔就很同情苏联,苏联和布尔什维克主义也是受到技治主义精英支持的政治运动。

(4) 煽动美国60年代学生运动。技治主义者给美国国家学生联合会提供资助,给他们提供致幻剂LSD,煽动他们以反对越战为名实施暴力行动,反过来以学生暴乱为借口,要求国家推动心灵控制、警察监控、药物使用等更严厉的社会控制。

(5) 实施暗杀和破坏活动。通过催眠等技术方法制造"满洲候选人"(Manchurian candidate,意为傀儡或被洗脑的叛国者。此语出自美国1960年代的一部臆想的小说)作为刺客或自杀袭击者,进行暗杀、爆炸和其他严重暴力破坏活动。凯斯认为,肯尼迪总统、摇滚巨星列侬等人都是被受到心灵控制的人刺杀的,而许多炸弹袭击也是如此,甚至许多美国狂热宗教团体都是CIA运用心灵控制技术的实验产物。

(6) 研究和秘密应用电磁武器,比如"死亡射线"、微波武器。电磁武器看起来不致命,但可以实施隐蔽攻击,严重影响和控制人的心灵。

(7) 利用UFO外星科技进行心灵控制。美国51区(Area 51)已经掌握了一些外星人的高科技,被用于控制心灵,CIA的MONARCH计划就是以此为目的。

在凯斯看来,人类文化史就是一部心灵控制的历史,但20世纪新科技工具尤其是智能技术的应用使得控制进入新的阶段。新兴的智能技术整合各种技术治理手段,将专家对世界的控制推向了对整个人类的完全控制。凯斯认为,技治主义者尝试用智能技术建构"世界大脑",通过电磁广播、互联网以及脑机连接等新技术,尝试将每个人的大脑接入计算机网络,从而实现对所有人的心灵和身体的随心所欲的控制。

显然,凯斯的专家阴谋论耸人听闻,缺乏支撑观点的有效证据,很多地方漏洞百出,甚至自相矛盾,但也更贴近普通民众,更易得到大范围的传播。正如他自己所说的,“世界就是科幻小说”。他并不在意自己的观点是否属实,而是更在意是否表达了普通民众心中的想法。凯斯的观点属于普及型专家阴谋论,并不想以某种体系化理论形式来获得支持,而是注重细节和案例,抓住受众的情绪反应。实际上,凯斯提到的大多数细节问题,伍德都有同样的看法,不过伍德更关心把自己的观点构造成一种背景更宏大、看起来学术性更强的精致型专家阴谋论。但总的来说,两人的专家阴谋论目标都是一样的,即对技术治理和专家治国进行阴谋论的攻击。

反思专家阴谋论

“二战”以来,敌托邦科幻文艺在美欧发达国家大行其道,向当代社会不断推销机器乌托邦的恐怖意象。在好莱坞大片中,邪恶的科学家们在阴谋建立对世界的铁血统治,因而刺激了各种形式的专家阴谋论广为流传。专家真的打算毁灭世界吗?他们可能毁灭世界吗?学文科的学生不要太容易相信反科学的思想,反过来,学理工科的学生不要把科学过于完美化。

我们需要对专家阴谋论进行必要的反思。

1. 专家阴谋论为什么深受群众喜爱?

阴谋论由来已久,专家阴谋论是其新形式。波普尔认为:“阴谋社会理论,不过是这种有神论的翻版,对神(神的念头和意志主宰一切)的信仰的翻版。”在《荷马史诗》中,荷马相信特洛伊之战中发生的一切,实际上是奥林匹斯山上神祇的阴谋,希腊诸神之间的争斗是人间兴衰的真实原因。在阴谋论中,形形色色的权贵、精英人物和集团代替了神祇,策划了普通公众遭受的一切不幸。

专家阴谋论让专家成了反派主角,它的兴起有很强的时代背景。首先,专家阴谋论兴起与科学家、技术专家、工程师以及社会工程师(如银行经济学家、管理学家、心理治疗师等)大规模崛起是一致的。科学与研发成为大规模的社会职业,主要还是第二次世界大战之后的趋势。科学从“小科学”转变为“大科学”,越来越多的人加入科研队伍,民族国家越来越重视规划科学的发展,越来越多的资金投入科学之中,整个社会日益科学化,专家在各个领域的权力越来越大,这些都让普通公众对专家日益警惕。

其次,专家阴谋论兴起与当代科学技术迅猛发展有重要关系。20世纪中叶以来,第三次科技革命兴起,最近智能革命更是突飞猛进,大量的新科学新技术涌现出来,普通民众很难消化吸收,而原子弹爆炸以直观的印象彰显了科技新发展具备毁灭世界的能力,这一切都让人们对新科技感到陌生、怀疑、忧虑甚至恐惧。

再次,大众传媒尤其是科幻文艺极大地传播了专家阴谋论。基于商业原因,阴谋论一直都是大众传媒偏爱的主题,因为民众缺乏专业知识,阴谋论没有理解上的专业门槛,所以深受普通民众的欢迎。在好莱坞科幻电影中,专家阴谋论是最常见的卖点,银幕上充斥着疯狂的弗兰肯斯坦式的科学家,日益成为公众心目中对科学家的刻板成见。

最后,专家阴谋论兴起是最近几十年各种阴谋论盛行的一部分。人类社会进入网络时代,各种观点传播更自由、更宽松,阴谋论得以快速形成和流通,越来越多的人参与阴谋论的生产,提供各种素材和证据，取代了传统阴谋论口耳相传的形式。当认知市场自由化之后，不是最有理性的知识产品而是虚假的观点如阴谋论占据了思想市场，比如竟然有20%的当代美国人相信光明会秘密控制了世界。

2. 专家阴谋论有什么特点？

从伍德和凯斯案例中，可以归纳出智能革命时代专家阴谋论的常见特点：

（1）对最新科学技术的强烈关注，这是最突出的特点。普通民众对新科技的力量一方面非常迷信，另一方面又非常害怕。除了智能技术，纳米技术、基因工程和航天科技常常成为专家阴谋论的热点话题。

（2）对专家的超人主义理解。专家阴谋论者将专家视为一心追寻更多知识、信奉超人主义的狂人，认为技治主义与超人主义一体两面，实质是梦想实现人性完美的新社会。也就是，技治主义者热衷于将自己变成超人，一是通过如纳米技术、生物技术、信息技术和认知科学的聚合技术（converging technologies）增强人体，二是制造超越人类治理的机器人—赛博格（cyborg）来超越人类。

（3）以技术治理为主题融合各种与新科技相关的热点元素。比如，科幻小说《美丽新世界》和《一九八四》是典型的技术治理社会蓝图，专家秘密实施优生学措施，技治主义者支持纳粹，苏联大力实施技术治理方案，环境保护和全球化是精英阴谋，科学家秘密研发和实施心理学和洗脑科技，国家通过信息通信技术监控每一个人，建立新秩序是技术治理阴谋，等等。阴谋论者将与新科技相关的专业问题政治化，再将政治问题阴谋化，就完成了既不可证实又不可证伪的专家阴谋论。

（4）专家阴谋论包含狂热的民粹主义情绪。阴谋论标榜人民，反对任何形式的精英政治,而专家阴谋论把反对对象对准了专家,不相信有独立于权力的专家力量存在,认为科学家要么是书呆子要么是疯子。专家阴谋论者指责技术治理反对自由、民主、法制和基督教,勾结纳粹,策划洗脑,煽动民众反对专家的狂热情绪。

伍德就认为,技治主义在美国力量非常强大,但技治主义者在美国隐藏得很深,应该被公之于众。如何辨别隐藏的技治主义者呢?伍德认为有以下特点中两三项就是技治主义者:倡导"伪科学"点子,比如全球变暖/气候变化或可持续发展,制造或执行那些不遵从立法、司法和公众批准的规则或政策,倡导或参与NGO、环境团体或任何联合国机构的工作,倡导建基于智能电网、城市改造或公私合营的经济发展或政策,选举或任命官员积极参与地方治理项目如治理委员会组织,不愿意听或对任何反对意见或讨论置之不理。伍德呼吁人们立刻行动起来反对技治主义者,但不采取暴力,不针对个人,主要反抗方法是:辩论、媒体批评、控诉渎职、抗议和游说等。

3. 专家阴谋论有什么问题?

专家阴谋论虽然流行,但却存在根本性问题。波普尔认为,阴谋论有的乍看起来具备理论形态,但是它和神话一样与科学理论有根本性的区别,即科学允许对其自身进行批判性讨论。因此,科学把光照射在事物上,不仅解决问题,还引起新问题和新的观察实验。这就是波普尔所谓的"探照灯理论"。他甚至认为,阶级压迫比如资产阶级联合起来欺负工人有阴谋论的色彩,显然是为资本家辩护的错误观点。

波普尔对阴谋论的批评主要有:(1) 不是没有阴谋,而是阴谋没有那么多,改变不了社会生活基本运行状况;(2) 阴谋很少会成功,因为社会发展和制度很复杂,有意识策划作用不大,期望和结果往往判然不同;(3) 阴谋论把某个群体视为一个人,相信某种集团人格,这是错误的,因为集团成员各不相同。

还有人认为,很难相信阴谋团体能秘密协调事实复杂、大规模的阴谋工作,或者团体成员能如此久地保守秘密以至于改变人类事务的轨迹。“大规模阴谋论看起来操作太复杂,很难让如此多的人保守秘密。”除此之外,理论非常不严谨,缺乏证据,错误归因,情绪性和非理性明显,意识形态色彩浓厚,转移视线,阻碍对真正问题的深入探讨等,都是对阴谋论的常见批评。显然,上述对阴谋论的批评同样适用于专家阴谋论。

除此之外,专家阴谋论特有的问题还有:(1) 否定专家在专业问题上享有更大的话语权,这显然是有问题的;(2) 对技术治理和智能治理理解太过模糊和宽泛,随意将各种主题纳入其中;(3) 完全否认科学技术在公共治理领域的正面价值,明显坚持极端反科学主义立场。

4. 专家阴谋论是不是毫无意义?

必须要指出,专家阴谋论并非是毫无意义的。

首先,流行的专家阴谋论往往以颠倒或曲折的形式,反映出技术治理与科技发展中的某些问题,值得学界进行必要的关注和研究。比如,中国转基因食品中的专家阴谋论,提醒我们在这一领域要注意专家相对于政府的独立性。

其次,专家阴谋论能在一定程度上起到缓解民众面对科技未知时的压力情绪。在高科技时代,普通民众对科技风险和不确定性有深深的无力感,此时专家阴谋论可以“剔除一些简单解释,归咎于外在于我们的单一原因,同时免除我们的责任”。不能要求所有人成为专家,适当程度的阴谋论也不是完全无益的。

最后,从技术治理运作机制而言,治理、反治理和再治理均为技术治理的组成部分。反治理是对正向治理的反作用力,而再治理是对整个技术治理框架尤其是专家权限的约束。当治理与反治理、再治理之间达到实践中的动态平衡,技术治理才能发挥更好的建设性作用。专家阴谋论就属于反治理的阻力,也属于再治理的压力。实际上,在现实技术治理实际之中,不可能完全消除专家阴谋论,而且也不必要消除它,而是要理解它,与它共存。当然,过于盛行的专家阴谋论可能产生破坏性,会提醒我们采取一些相应措施,比如加强专家与公众的沟通和理解。

四

新冠启示录

疫情防控与科技谦逊主义

全球新冠疫情尚未结束,但是与疫情防控相关的各种医学知识,如病毒学、传染病学、公共卫生学等的实际运用,引起了学界的注意和反思。越来越多的人主张重新看待科学在处理人与自然关系中的作用,大家越来越认可我所谓的"环境问题的科技谦逊主义"。它主要包括3个基本立场:(1) 客观看待科技的力量;(2) 要从"征服自然"彻底转向"敬畏自然";(3) 从保护环境转向保证人类种族延续。

首先,随着现代科技越来越发达,人类感觉自己手握利器,敬畏之心越来越小,结果被自然残酷"打脸"。这是此次新冠肺炎给中国人最深刻的教训之一。我们对病毒世界了解还很少,现代医学面对传染病远远没有大家想象的那么强大。

我们对病毒有误解。Virus(病毒)这个词源自古罗马时期,一开始意思是蛇的毒液或人的精液,同时被赋予毁灭和创造两层相反的意思,后来指代任何神秘传播的东西,具有传染性,不一定是毒物。中文将之译为"病毒",容易让人认为它是某种"躲"在黑暗角落的、罕见的、有毒的"坏东西"。这是彻彻底底的误解。

实际上,病毒无处不在,而且也不都是"坏东西"。海洋、沙漠、空气、南极冰川、青藏高原、动植物身上、细菌之中、人体之内,病毒无处不在。有专门以细菌为宿主的噬菌体,还有以巨型病毒为宿主的噬病毒体,它们都属于病毒。病毒学在20世纪才建立起来,人类对病毒的了解还很不够。就目前的了解看,病毒的种类和数量应该远远超过地球上的其他生命体。科学家估计,一千克海洋沉积物中平均有5000种病毒,整个海洋中有1×10^{31}个病毒颗粒,把它们挨个排列,长度可以达到4200万光年。这是多么惊人的一个数字!要知道:病毒比细菌还小,而光一秒"走"30万公里。

不是所有病毒都会伤害人类,大多数病毒一直与人类和平相处。健康的人身体中有大量的病毒,有研究表明健康的人肺中平均有174种病毒,但这么多种病毒并没有让人染上肺炎或其他疾病。在人类基因组中,可以发现成千上万的病毒基因的痕迹,内源性逆转录病毒DNA片段就近10万个,占到人类DNA总量的8%。如果没有病毒基因,人类甚至无法完成基本的生殖活动。

病毒在地球中存在已经数十亿年之久,对于整个生物圈不仅必不可少,而且贡献巨大。空气中的一部分氧气,是由海洋中的病毒和细菌共同生产的,这改变了大气成分,调节了地球温度,为有氧生物提供了基本生存条件。在漫长的地球历史中,病毒在不同的物种之间传递基因,对所有生命的演化产生了深远影响。有科学家甚至猜测,地球上的生命可能是40亿年前从病毒起源的。

因此,病毒既没有"躲着",也不全是毒物,而是与人类共生共存。

不光对病毒无知,大家对传染病的了解也非常缺乏。

在很多人的脑子中,新冠肺炎之前对传染病的印象主要是非典疫情,似乎大的传染病17年才发生一次,概率很小。实际上,传染病爆发的频率远比这高得多,大小规模的疫情一直此起彼伏。流感病毒季节性爆发,每年感染全球10%—20%的人口,杀死数十万人,而艾滋病每年导致的死亡人数在百万以上。

过去 10 年中,导致全球关注疫情的新病毒至少有:非洲埃博拉病毒、中东呼吸综合征疫情、东南亚西尼罗河变种病毒、美国甲型流感病毒,猪流感、禽流感、手足口病、非洲猪瘟等也不断出现在国内媒体上。总之,认为传染病很罕见的观点是错误的。

其次,很多人对现代医学治疗传染病的能力过于乐观。病毒遗传物质复制非常不稳定,因此变异速度极快,这导致现在研制疫苗的速度远跟不上病毒进化的节奏。比如乳头瘤病毒可能导致宫颈癌,现在已研制出疫苗,但实际上疫苗只针对两种病毒,而可能致癌的乳头瘤的病毒还有其他 13 种。再比如大家一感冒就吃抗生素,其实对于致病的鼻病毒没有什么作用,抗生素主要对付的是细菌感染,面对病毒只能起到安慰剂的作用。

最近一些年,病毒学家开始重视动物病毒研究,想预测下次流感季的危险病毒,提前做准备,但是现在效果还需改善。科学家越研究,越发现动物病毒种类惊人,也不知道哪些会造成瘟疫,更不知道何时瘟疫会爆发。有些病毒一直很温和,可能突然变异后,就开始攻击人类。有些致命病毒则可能毒性减弱,最后和人类"和平"相处。所以,单靠抗病毒药物和疫苗来杀灭病毒,远比想象得要困难。

新冠疫情告诉我们,人类没有那么伟大,在自然面前我们还很渺小。因此回到我们前面开篇时所说的第二个立场:面对新冠病毒,面对 SARS 病毒,面对自然界,人类要重新学会像先民一样敬畏自然。

在疫情期间,我读了一些与病毒和传染病相关的书籍,其中有本《血疫:埃博拉的故事》,我印象最深刻。最大的感触是:招惹病毒绝对是"惊悚"的事情,"敬畏自然"不是一句漂亮话,而是人类能繁衍生息、社会能长治久安的基础。

2019 年 5 月,《血疫》被改编为同名电视剧,被划归为惊悚片,豆瓣给出相当高的 8.1 分。它原名 *Hot Zone*,意思是“热点地带”,中文名“血疫”翻译得更精彩,散发着紧张到令人心悸的危险气息,但最为传神的当属电视剧中文译名:“埃博拉浩劫”。

在人类有所了解的病毒中,埃博拉一般被认为是最致命的,在扎伊尔埃博拉致死率达到 90% 以上。埃博拉传染性效率很高,血液中 5 到 10 个病毒颗粒就能在人体内爆发。少量埃博拉进入中央空调系统,就有可能杀死一幢大楼中的大部分人。它专门感染灵长类动物包括人类,又可以跨物种传播,至今不知道它的原始宿主。埃博拉的危险性,有个形象比喻:“人命的黑板刷”,还有个直白对比:与埃博拉相比,艾滋病像儿童玩具。

每一次埃博拉在人类社会登场,都造成巨大恐慌。它本来存在于非洲原始丛林中,拜频繁、密集和高效的全球物资和人员流动网络所赐,才得以走出非洲,出现在德国马尔堡和美国华盛顿近郊。如此致命的病毒,竟然不是遥远传说,而是现身于文明社会。不用看书看剧,对比一下新冠肺炎疫情,就可以想象这会导致何种结果。

后来,菲律宾猴群中也爆发埃博拉疫情,科学家至今没搞懂埃博拉如何从非洲腹地来到东南亚热带雨林。总之,埃博拉神出鬼没,如杀手一般潜伏,伺机突然暴起,无情杀戮灵长类。

包括埃博拉病毒、艾滋病毒在内的许多致命病毒,都源自人迹罕至的原始森林。它们的历史远比人类要长久。亿万年来,它们生存于蛮荒之中,与人类文明泾渭分明。如果不是人类破坏丛林,进入病毒栖息地,它们怎么会出现在人类世界呢?并不是病毒侵犯我们,而是我们狂妄地侵犯了病毒。你们说是不是?

再往深里思考,致命病毒是不是地球针对人类的免疫反应呢?病毒不断复制,威胁宿主的健康和生命,人体免疫系统会对病毒发动攻击。工业革命以来,人类像病毒一般大量繁殖。《血疫》的作者怀疑,地球生物圈能否承受 50 亿人口,而今天世界人口已达到 76 亿。

除了不断复制,人类还像病毒一样对自然环境进行破坏,消耗和浪费,同时还灭绝其他物种,污染空气、水和土壤。地球的“免疫系统”会容忍病毒一样的人类破坏生物圈吗?《血疫》认为,地球开始清除人类,针对人类的艾滋病可能是清除计划的第一步。想一想正在面对的新冠肺炎疫情,不敢说这种想法完全是妄想。

表面上看起来,21 世纪的人类前所未有地强大。可是,一场致死率约 2.7% 的传染病,一个多月时间就引起全世界震动。如果埃博拉病毒全世界传播,人类会不会灭绝?在自然面前,人类敢说伟大吗?敬畏自然,真的不是漂亮话。

最后,科学谦逊主义认为,以目前的科技为武器,人类最多能保护自己,根本谈不上保护环境。

我们为什么要保护环境?对此有两种相互对立的回答。一种认为,保护环境就是保护人类,因为环境崩溃了人类会受损甚至灭亡。另一种认为,自然界本身就是有价值的,人类尊重和保护自然界,如同尊重和保护他人一样。前者走的是人类中心主义路线,以人的价值推出保护环境的价值,即环境本身并没有价值,因为对人有价值才需要被保护。后者走的是非人类中心主义路线,坚持环境自有其价值,保护环境本身就是目的,而不是服务人类的手段。

人类中心主义和非人类中心主义各有短长,各有拥护者和反对者。但是,人类中心主义和非人类中心主义既然不是科学,就没有什么科学意义上的对错,不过是不同的伦理学或哲学理论,来为“保护环境”提供立论基础。我觉得两种说法都不能接受,为什么?

读完《血疫》,我感到“保护环境”这种说法极其狂妄。自然不需要人类的保护,地球更不需要人类的保护,人类能不能保护自己都值得怀疑,何谈保护自然和地球呢?

反过来说,人类也没有毁灭自然和地球的能力。有人担心人类造成的污染可能会毁灭地球上所有的生物,这是完全不可能的。举个例子,有人担心塑料会“杀死”自然界,因为塑料难降解,塑料袋留在水里,很多鱼、鸟吃了塑料颗粒死了。地球已经有几十亿年的历史,历经小行星撞击、火山地震、生物大灭绝和极寒冰川期,自然和生命依然安好。即使塑料布满整个地球,生命会毁灭吗?绝对不会的,人类因此而灭绝倒是非常可能。所以,控制塑料的使用,是为了保护人类自己,而不是自以为是地保护自然和地球。

在地球生命史上,许多显赫一时的物种消失了。比如曾称霸一时的恐龙,一颗行星碎片就能让它灭绝。反过来,生命又极其顽强,比如病毒,几乎和地球一样古老,最近还看到新闻说天外陨石残存有蛋白质。原子弹炸毁不了地球,只可能灭绝人类,炸不绝老鼠、蟑螂,更不可能毁灭细菌和病毒。在深海海底、在火山口,在完全没有氧气的环境中,我们都发现过生命的痕迹。

脆弱的是人类,不是生命。如果不敬畏自然,不顺应环境,为所欲为,人类很快就会把自己灭绝。敬畏自然,并不是人类道德优越性的宣示,而是保命存身的明智之举。

疫情应对中的科技治国模式

新冠疫情全球爆发,*Zeit Online* 成为欧洲哲学家发表观点的热点媒体,德国哲学家诺德曼在这个网站连续发表"我们可以通过创造力来战胜新冠疫情""你们都只想当一个个小点吗"两篇文章,提出以公民驱动(citizen-driven)的技术治理(technocracy)战略来应对疫情的观点。

英语中的"technocracy"在汉语中常译为"技治主义"或"技术统治论",易让人误解为纯粹的意识形态。然而,它更多是以科学原理和技术方法来治理社会的各种实践方略,称之为"技术治理"更为适宜。

诺德曼认为德、中、美三国抗疫行动非常有代表性,于是邀请美国哲学家米切姆和中国人民大学的笔者,就德、中、美三国疫情中的技术治理问题,进行比较性的讨论。诺德曼和米切姆均为享誉世界的哲学家,前者以提出技性科学理论著称,后者则为 SPT(技术哲学学会)首任主席。

诺德曼:公民驱动的技术治理

中国和欧美应对新冠疫情方式的主要不同在于:中国政府的目标是努力根除病毒,目前大获成功,而欧美包括德国的目标仅仅是"让曲线变平”,即努力控制病毒的传染速度,避免不受控制的感染激增使得医疗系统崩溃。西方人关心的不是因为病毒致病而必须“赶走”病毒,而是我们不得不与病毒共同生活,但它的冲击应该控制在公共医疗系统负载允许的范围之内。意大利的公共医疗系统超载,而德国控制得很好。疫苗研发需要很长时间,不能因此而让社会生活“停摆”。所以,德国抗疫的核心问题是:我们如何能在不“停摆”社会生活的情况下与病毒共存。

新冠肺炎的全球流行,让我们处于“真实世界实验”之中。实验通常在名为实验室的封闭空间内进行,在受控的条件下实施有目的的干预。而真实世界实验发生在社会中,开始于谁都不想它发生的事件。对此存在两种完全相反的态度,一种是把新冠肺炎当作“大号流感”来简单对待,另一种是迅速执行以隔离为核心的技术治理措施。中国采取的严格隔离措施,在德国和欧洲不可能复制。德国也采取了一些有效的技术治理措施,同时努力维持默克尔总统所称的“社会团结”。

然而,我们看到的技术治理模式都是“政府驱动”(government-driven)、自上而下发生的,在欧美国家招致公众不同程度的反对,人们担心政府借机扩大自己的权力。有没有其他的可选方案呢?当今科技发达,社会技术长足发展,一种自下而上的“公民驱动”的技术治理路线是可能实现的。

今日德国是一个社会自由的国家,经济实力雄厚、负责任、富有创造力,而且已数字化,民众具备不少病毒与公共卫生知识,每个人都可以尝试发挥个人创造力来战胜新冠疫情。尤其可以通过“公民科学”(citizen science)的方式,大家可以分享、汇聚和改进抗疫知识,并主动运用这些知识来应对新冠病毒。德国政府最近征集应对疫情的办法,

48 小时内超过 28000 名参与者提交了超过 1500 个想法,名为“我们对病毒”的黑客项目发明了新冠疫情追踪程序。

在新冠病毒一开始导致的社会震惊和休克后,很多德国人开始用“公民科学”知识来“自我”应对病毒,比如自制口罩,拉大餐桌距离,餐厅必须预订,等等。此类社会技术是公民自发创造和推广的,需要民众参与(常常运用信息和网络技术)创造和实践,而不是由各种政府禁令所强制施行,属于相关科技知识的理性应用,并根据当地情况打上鲜明的地方性烙印。这种公民驱动的技术治理措施不再是默克尔式的“消极团结”,而是“积极团结”的,邻人们不是被完全宅在家里,而是谨慎地走出家门,保持必要距离地共同生活。

在公民驱动的技术治理中,我们不再是人口技术中的统计数字,或者盲目而被动如气体分子般杂乱运动的“小点”,而成为能动性被激发的、训练有素的自我治理者,可以自主思考并且承担责任。

刘永谋:民主约束的技术治理

在一定阶段上,存在“根除病毒”和“拉平曲线”两条应对路线。从长远来看,最终中国人也要与病毒共同生活。但是,实现与 COVID-19 和平共存的代价是什么?特效药物和疫苗研发出来,才能真正实现“在不停滞公共生活的情况下与病毒共存”。在这之前,如果出现大规模死亡、医疗系统崩溃、社会动荡、极端势力出现,能实现和平共存吗?这样的情况很可能在落后国家出现。

在某种意义上,抗疫只有一条路线:在特效药和疫苗研发出来之前,最大限度减少病毒对社会的伤害,包括生命、经济、心理和秩序等各方面的伤害。各个国家根据不同国情,采取不同方法实现上述目标。中美德不尽相同,其他国家也各有特点。随着对新冠肺炎了解增多,各国不断调整应对方法。

中国之前应对成效有目共睹。一开始我们,包括全世界对新病毒极度无知,我们选择了类似 2003 年应对非典疫情的模式很正常。SARS 也是冠状病毒,中国人将 COVID-19 视为 SARS 重来而非“大号流感”,是很自然的反应。绝大多数中国人认为,社会主义首先要关心人民的生命健康,而不是 GDP。中国传统也有“人命关天”的观点。总之,国情让中国政府做出选择。

同样,欧美也有自己的国情:个人主义、自由主义盛行,大家愿意自行担责,不希望政府过多干涉;最近 30 年,反科学思潮在西方盛行,公众不信任科学技术和专家;资本主义以逐利为第一目标,消费主义盛行,人民普遍储蓄很少,等等。这些决定欧美政府无法采取严格的隔离措施。

具体到欧洲,纳粹专制及其对犹太人的迫害,大家记忆犹新,对国家、政府和紧急状态的不信任尤甚。即使如此,德国也必须用技术治理手段应对疫情。如何将技术治理与民主制兼容?诺德曼提出技术治理的公民驱动模式,乃是一种民主的技术治理模式,最大的好处是不必在疫情期间赋予政府过大权力。

有效实施诺德曼模式,需要国民具有很高的科学素养、教育水平和自治能力。国民素质情况不同,实施效果不一样。德国人更严谨、更讲科学、更有纪律性。在中国,大家也有不少主动创造,其中不少是非理性的例子。我相信,不光中国有这种情况。因此,公众必须要听取专家意见,不能盲目行动。

政府驱动的技术治理在中国不可或缺。在中国,科学和专家的地位较高,反科学思潮不流行。政治家做最终决策,但政府对科学家的意见给予了足够的重视。不过,中国的成功最关键的不是科技水平更高,而是社会隔离实施得好,这归功于政府强大的动员能力。中国的疫情数据看起来难以置信,秘密在于对湖北尤其是武汉的严格隔离。湖北就是中国的“意大利”,单拿湖北的数据和德国比,大家表现差不多。但是,中国成功隔离了湖北,全国阶段性“停摆”,然后举全国医疗资源帮助湖北。试想一下,要是有很多省份情况都像湖北一样,中国的数据会怎么样?

必须要指出,群众运动式动员有非理性狂热的风险。除此之外,同德国和美国一样,手机追踪、健康码等问题,也引起了中国人的广泛关注。这并非什么新技术措施,最近 20 年来,我们一直讨论相关问题,新冠疫情让问题暴露得更明显。

政府驱动的技术治理模式必须接受强有力的民主制的约束。技术治理可以为民主制所用,现在的问题是:必须深入研究如何实现它。比如,随时随地将技术治理置于公众监督之下,对专家进行伦理教育,疫情结束后立即取消某些措施,等等。总之,要警惕技术治理走向技术操控。

全球瘟疫必须要全球共同应对,关起门来“独善其身”不可能。如果印度和非洲疫情大爆发,发达国家不应袖手旁观,这不仅是人道主义的要求,更是技术治理的要求,否则穷国肯定会让其他国家疫情死灰复燃。

米切姆:没有技术治理约束的民主

在中国和德国看来,美国的疫情应对很难理解。尤其是特朗普总统的言行,甚至会觉得匪夷所思。虽然很极端,但他的反应并不很奇怪。实际上,他在很大程度上代表美国社会的主流,得到了大约35%到45%的公众支持率,这是比较高的。

要理解美国的疫情应对,就要了解美国长期的反智传统。与中德不同,美国是数百年前躲避家乡高压统治的欧洲人"人为"创立的。主导国家创建的美国启蒙思想家勉强才将各殖民地拼凑在一起,立法保护白人的个人自由,却拒绝给土著印第安人和黑人奴隶同样的权利。立国者深知美国的脆弱,设计了一种由技术治理约束的民主制度。西方经典教导:政治稳定最好是通过混合民主制、贵族制和王权获得。因此,新的共和国设立民主的众议院,由精英制的参议院制衡,还要与贵族式选举出来的美国总统竞争,再加上半独立的司法机构,最后成为洛威尔描述的"一架先要自己动起来的机器"。

1828年,特朗普最喜欢的杰克逊总统当选,立国时的技术治理秩序开始被"磨损",受到拒斥国家的个人主义和拓荒者、牛仔文化所固有的反智主义的冲击。1830年代,托克维尔访问对此深有感受。一开始,美国就想实现"合众为一"(E pluribus unum),可至今没有完全实现,内战之后与外来移民的嫌隙使之雪上加霜。激进的自由主义者宣称只有个人,社会只是一种附带现象。罗斯福"新政"缓和了对精英和专家的怀疑,但极端的反智主义和个人主义在美国依旧非常盛行,特朗普正是这两大遗产的代表。

与中德相比,美国没有从病毒手中保护社会的共识。自由主义者要保护的是行己所愿的个人权利。持相反观点的人也有,因为以科技知识支撑自己的立场而得到的支持和力量就很不够——要知道,35%的美国人不相信进化论,仅25%的美国人承认气候变化。当代科技日益依赖复杂仪器而非人的感官,非专业人士很难理解新科技的进展,这给美国人的政治生活带来巨大挑战。

许多美国民众反对专家建议,抗议社交隔离和居家法令,要求重开经济和公共生活。抗议者高喊革命年代的口号,比如“不要欺负我”“让我自由,或者让我死”(注意口号是“我”而不是“我们”),以及“我们有权决定如何保护自己。让威权主义政府滚开!”

专家容易轻视特朗普,但他是马基雅维利式的大师,不需要专家实现效率,只需呼应美国民众的要求:在推特上高喊“解放密歇根”“解放明尼苏达”“解放弗吉尼亚”。许多美国人迷信个人自由,这限制了公民驱动的技术治理在美国的施行。

自由主义在美国导致对专家和科学家共同体的怀疑。美国科学家经常觉得他们与德国甚至中国的科学家更相似,与非专家的美国同胞不一样。科学家经常被指责不忠叛国,不是真正的美国人。因此,科学家经常不得不向落后低头,以证明自己的“美国性”,但作用不大,很多时候被搞得很尴尬:“我们很忠诚,又有用,值得给我们增加研究经费。”

冠状病毒研究要求加强科学家之间的国际合作,这只会让普通美国人觉得情况变糟。以特朗普为代表的“真正美国人”不但不帮忙,反倒觉得专家们联合起来在对付他们。事实上,专家有时的确是团结起来与反智主义做斗争。对于绝大多数美国人来说,科学的流行病模型比德国或中国更陌生。

面对全球疫情爆发,我极其怀疑真的会有有效的国际或全球性合作和协作,尤其是发达国家帮助穷国或发展中国家的可能性。欧洲甚至不能相互帮助。而对于国内某些州帮助其他州的行动,美国人总是很矛盾,甚至比帮助身边的其他美洲国家更矛盾,这种态度可以追溯到建国前13个殖民地之间的冲突。美国公众对联邦预算持续反对的一点正是数量很少的对外援助。

国际合作的要求从未比应对气候变化更迫切,但是我感觉从没有如此不可能。此次全球疫情证明了这一点。某种全球技术治理的协作和合作从未如此被需要过,但又从未如此希望缥缈。

“病毒治理术”

所谓技术治理，指的是在社会运行尤其是政治、经济领域当中，以提高社会运行效率为目标，系统地运用现代科学技术成果的治理活动。19 世纪下半叶以来，技术治理思想在欧陆产生，20 世纪初在美国勃兴，进而逐渐传遍全球。21 世纪之交，无论是在发达国家，还是在发展中国家，技术治理都成为公共治理领域的普遍现象，我称之为“当代社会的技术治理趋势”。在智能革命的背景下，这种趋势更是愈演愈烈。从某种意义上说，当代社会是技术治理社会。换言之，技术治理能力是现代国家治理能力的重要组成部分。

公共卫生与传染病防疫是技术治理的重要领域，也是衡量一国治理能力的重要指标之一。在新冠肺炎疫情的防控与应对中，有效运用科学原理、技术方法和相关学科的科学知识，是战胜疫情的关键所在。一方面要运用自然技术，如病毒学、传染病学、临床医学和生物化学等方法，来筛查和治疗病人，研制疫苗和对症药物；另一方面还要运用社会技术，如公共卫生学、公共管理学、运筹学、统计学和经济学等方法，有章有法地隔离人群、共享信息、调拨物资、维持秩序。

在应对疫情的实际操作中，必须把自然技术和社会技术两方面综合起来考虑，才能达到技术治理的最佳效果。中国学界经常将“集中力量办大事”作为社会主义制度优越性的重要体现，在很大程度上，这种力量是来自科学调查、科学计划、科学运筹、科学处置和科学反馈当中蕴含的科学理性的力量。

从技术治理的视角看,隔离病毒是科学应对疫情的“正道”。为什么呢?对待病毒爆发,人类看起来有两条路可选:杀灭它,或者躲避它。实际上,迄今为止,人类真正走通的道路只有后者。有人会说,把传染病人治好,不就是杀灭了病毒吗?的确,单个病毒很容易杀灭,新冠肺炎病毒就可以高温杀灭。但是,作为种群的新型冠状病毒是不可能被人类完全消灭的。迄今为止,在与病毒的战争中,没有证据表明人类曾经彻底消灭过任何一种病毒。比如在中国很多年没有爆发大的鼠疫疫情了,但鼠疫病毒并没有完全被消灭,它仍然活跃在啮齿类动物身上,只要机缘到了,就会在人类社会卷土重来。

因此,从某种意义上说,存在相互虎视眈眈的两个世界:人类世界和病毒世界。人类务实的选择是躲避病毒世界,将病毒隔离在人类社会之外。通常所讲的免疫,实质上也是隔离病毒于人类社会之外的一种办法。人类杀灭不了新冠肺炎病毒,只能选择隔离病毒,这是应对疫情最主要的甚至是唯一的途径。因此,尊重和敬畏,不吃野生动物,不招惹病毒世界,是技术治理对待传染病防疫的基本态度。

最近,很多消息都在说找到了对付新冠肺炎的“神药”,中药西药都有,治疗的预防的都有。不管这些消息是否真实,都改变不了必须以隔离病毒作为应对疫情的主要途径的判断。为什么呢?从技术治理的角度看,新冠肺炎疫情具有 3 个典型的特征:(1) 新颖性,指的是病毒是新的、未知的,了解它、学习它就需要时间,现在我们对新冠肺炎病毒的知识还很不够;(2) 突发性,指的是疫情发生突然,这是导致武汉政府很久都没有意识到问题严重性的重要原因;(3) 传播性,指的是病毒传播速度极快,很快就传到了国外。对待老病毒再次肆虐,因为之前有过研究,及时治疗和免疫非常重要,但是对待新冠肺炎这样的新病毒,不要把希望主要寄托在研制疫苗或对症药物上,因为这需要时间,半年能找到有效的疫苗就不算慢了,而寻找对症药物需要运气,还要经过一系列的实验和程序,才能最终用于临床,比如瑞德西韦光第 III 期临床试验就需要大约两个月的时间。即使有了疫苗和对治药物,生产、调配和分发也需要时间。显然,新冠肺炎传播如此迅速,如果完全不进行隔离,一两个月就可能完全失控。所以,“神药”是缓不济急的,现在必须把主要精力放在隔离上,才能在这一波流行中防止事态继续恶化,挽救更多的生命。否则,就算“神药”最终出现,这个时间差足够让我们死伤惨重。

实际上,在没有“神药”的情况下,现在的临床医学措施主要目标是:(1) 筛查病人;(2) 医学隔离;(3) 用医疗手段缓解危重病人的致命症状,激发病人自身的免疫力;(4) 及时处置并发症,大幅度提高感染存活率。我们所说的新冠肺炎的致死率是在有医疗条件之下的致死率,也就是说有医疗救治的情况下的数字,如果完全置之不理,这个数字肯定要高很多。要记住:传染病大流行时,很多死亡病例与得不到及时的治疗有关,而不完全是病毒致死的。这是传染病学史告诉我们的基本事实,新冠肺炎也同样如此。因此,必须一再强调:要坚决隔离病毒,防止大规模爆发,更不能出现整个公共医疗卫生系统不堪重负而崩溃的情况。

不明白隔离病毒乃是科学应对疫情的基本原理,必然会前后矛盾、举止失措,甚至导致不可原谅的巨大灾难。

从人类历史来看,隔离病毒主要有两种战略:一是排斥,二是控制。所谓排斥,就是彻底将病毒赶出人类世界,就像古代应对麻风病人一样:古代把麻风病人赶出社区,不让他们/她们靠近其他人。麻风病人被社会所抛弃,在社会学意义上,不再是人,而是兽,和携带病毒的老鼠一样。所谓控制,就是将病毒控制在一定的社会空间中,我们称这个社会—医学空间为疫区。疫区并非在人类社会之外,而是容纳病毒的受控有限空间。加缪的小说《鼠疫》仔细描述了控制鼠疫病毒的过程:对疫区进行检疫隔离、分区控制,疫区的健康人和病人都被严格地监视和观察,鼠疫病人或者很快病死,或者被清除出社区,健康人则等待疫情结束,或者染上病毒。所谓的“封城”虽然没有正式宣布疫区,但在很大程度上属于控制战略。显然,排斥模式针对的是病人,而控制模式针对的是可能染病的健康人,他们/她们是命运待定的人群。

排斥战略比较简单,主要是社会—医学空间的彻底隔断。从社会学意义上讲,病人在排斥期等同于被社会抛弃,而康复意味着被社会再次接纳。在传染病医院中隔离,有专业医学的办法和手段,有专家和医生主导。这里大致讨论一下控制策略的技术治理基本原理。不详述之,择其大端有三:

其一,所谓区分术,指的是对疫区人群进行分离、归类和规训。比如多地“封城”,不能对所有人齐一视之,应该按照防疫标准分级分类,这就是分离。分离之术,当先为设立“标准人”,就是合乎免疫标准的健康人。从未有类似感冒、发热症状的人好说,有过症状的,有没有去过医院,去了医院结果如何,接受治疗之后如何,恢复到何种样才算完全合乎标准,疑似病例,确诊病例,等等,以此来对人群进行分离。分离之后是归类,对他们应该有不同的安排,归类意味着在居住、供应、监测等各个方面的差异,严重的时候可以按类聚集。现在有些疫情严重的城市可以考虑一定程度的按类聚集了,对待疑似病人和轻微症状病人的处置力度需要加强。规训是什么呢?就是改变人的行为,比如洗手、汇报信息、社区督查之类。规训与洗脑相对,规训考虑的是肉体,洗脑考虑的是思想。

其二,所谓监测术,指的是对疫区所有相关信息尤其是人群状况,要即时、持续和全面地监测。监测术有三个环节,第一是“无所不在的查看”。如今有了物联网、大数据、云计算、无人机和AI等高科技手段,在很大程度上可以实现监测所要求的“无所不在的查看”。在“封城”中,主要是医学相关信息的收集,当然也包括相关的谣言、物价、治安等信息。第二个环节是处置,在防疫工作中意味着发现有问题的人或事,立刻按分离标准处理,不能有一刻耽误。这就像治安中“零容忍原理”,对小问题容忍会导致体系崩溃。第三个环节是检查,对处理过的事情、对康复的人群、对治理的效果不断进行考核、评比、表彰或处罚,如此能强化监视术的效果。在当前疫情中,表扬榜样和鞭挞错误都可以进一步加强,尤其是对瞒报的批评和对举报的表扬,以保障监测术的高效运行。

其三,所谓空间术,指的是对武汉城区的总体空间安排。显然,现在的城市很大,传染点分布也不平衡,当然不能简单地一视同仁。第一要做的就是空间的分级。按照免疫要求,划分网格,分为不同的等级,适用不同的空间处置策略。对于某些严重感染的社区,可以采取严格封闭的措施。第二要对所有空间实施封闭。当然,封闭有不同程度、不同措施,需要设立标准,强力执行。目前随着新冠肺炎疫情的发展,越来越多案例表明所谓居家隔离是有问题的,对于这部分人最好是征用宾馆和招待所定点隔离。第三要控制空间交流。绝对的空间物理封闭在防疫中是不可能的,起码活人要吃喝,因此空间交流不可避免,但要有章有法,有应急预案。在目前的疫情中,已经发现外卖“小哥”、出租车司机感染之后传染的案例,应该对他们进行严格的保护和管理。还有城市中的乞丐、流浪人员,也不能忽视,以防成为流动的传染源。除此之外,在防疫空间术中,一般要考虑宠物、老鼠、鸟类等城市动物的流动问题,尤其是它们可能是潜伏的传染源。第四是空间安全,在防疫中最重要的是消毒。现代传染病处置,一个很重要的变化正是从临时应对疾病转向平时的治理环境。实际上,空间术按照不同的目的有不同的运用,这里讲的是以防疫为目的的封闭术。

除了上述三大技术,控制策略还涉及一些其他的技术治理术,比如心理、舆情、信息等等。但是,不管怎样,封城必须要有章法、有“套路”,不能蛮干,以免引发不必要的骚乱和恐慌。总之,必须依靠理性、科学和以两者为基础的技术治理来战胜疫情。

显然,要想通过技术治理手段隔离新冠肺炎疫情,必须有一个统一、有力和迅速的领导与决策中心。这应该是中国特色社会主义制度的优势。如果疫情持续恶化,采取全面军管的办法也是必要的。不得不说,新冠肺炎疫情既体现了国家在技术治理能力方面的一些优势,更暴露出许多问题,尤其是某些政府领导和决策者的专业素养和科学素养有待提高,对当代社会的技术治理运行模式缺乏足够的认识,以及防疫体制建设薄弱,等等,各级政府都需要响应中央的号召不断反思。

面对阴谋论要相信理性和科学

瘟疫催生阴谋论,自古皆然,无论西东。公元 3 世纪,“西普里安瘟疫”在罗马帝国爆发,“基督徒散布瘟疫”的谣言四处流传。中世纪欧洲“黑死病”大流行,犹太人和所谓的“女巫”成为替罪羊。1918—1919 年“西班牙大流感”期间,流行的阴谋论是“德国人乘潜艇把瘟疫带到美国”,或者是爱斯基摩人搞的阴谋。中国古人常常相信,瘟疫是邪恶的鬼怪或者方士暗中传播的。最近,比尔 · 盖茨成为阴谋论者的攻击对象,不少美国人指责是他秘密制造病毒,目的是用疫苗操纵人类。总之,大灾大难期间,必定谣言四起。

工业革命以来,现代科技的力量令普通人震惊,专家日益成为阴谋论的主角。尤其是“二战”之后,各种专家阴谋论更是甚嚣尘上:失去良知的疯狂科学家,与无良资本家、无耻政客勾结起来,利用科技手段密谋并实施奴役老百姓的大阴谋。新冠疫情期间,中国科学院武汉病毒所遭遇的阴谋论攻击——“病毒是武汉病毒所人工合成的”“病毒是从武汉病毒所泄露出去的”——就属于典型的专家阴谋论。阴谋论者穿凿附会,捕风捉影,编造“武汉病毒所 0 号病人”“P4 实验室人员将实验用动物售卖牟利”等各种细节,在网上迅速传播和整合,最后传得有鼻子有眼。病毒是否是人造的,是否可能泄露,都是有科学方法可以判定的,不是谁拍胸脯做出的保证。可是,尽管世界顶尖的病毒学家纷纷出来专业辟谣，还是有很多人相信无稽之谈。实际上，被卷入专家阴谋论的不光是武汉病毒所，美国 2019 年 7 月关闭的德特里克堡生化实验室，也被攻击为病毒泄露的源头。

最近几十年来，各种阴谋论越来越盛行。并非只有中国老百姓喜欢阴谋论，比如有调查发现 20% 的西方人相信光明会秘密控制了世界。很显然，阴谋论越来越盛行与人类进入网络时代有关。通过网络，各种观点传播更自由、更宽松、更便捷，阴谋论得以快速形成和流通。新冠疫情爆发，武汉病毒所的谣言几乎同时就出现了。

科学家成为阴谋论中的“反派”，有很强的时代背景。首先，现代科技迅猛发展，民众无法消化吸收，普遍对高新科技感到陌生、怀疑、忧虑甚至恐惧，致命病毒研究更是让人毛骨悚然。其次，基于商业考虑，大众传媒和大众文艺偏爱专家阴谋论的“卖点”，电视和电影中充斥着疯狂的弗兰肯斯坦式的科学家，影响大家对科学家的看法。好莱坞电影《传染病》《生化危机》等，均有实验室人造病毒泄露导致全球大流行的情节。最后，当代社会越来越成为技术治理社会，专家权力的确越来越大，让人怀疑专家可能滥用权力。新冠疫情期间，相关专家一言一行牵动所有人的目光。一个有意思的细节是，一些病毒学家在国外杂志发表论文，开始被指责没有把心思花在抗疫上，后来又被称赞为及时通报信息，有力地证明了中国没有向世界隐瞒疫情。

疫情越严重，阴谋论越响亮。客观地说，疫情期间的阴谋论并非毫无意义。它能在一定程度上缓解民众面对未知状况的压力。在新病毒面前，老百姓困惑、慌张和恐惧，对危险和不确定性感到深深的无力，此时阴谋论给出简单粗暴的解释，可以缓解公众情绪，减轻某些人乱吃野生动物的负罪感。

疫情阴谋论往往以颠倒或曲折的形式反映出抗疫工作的某些问题,值得政府和专家关注。它提醒政府应该采取相应措施,加强专家与公众的沟通,及时公布和传播疫情相关信息、数据和知识,消除社会恐慌情绪,也提醒政府切实注意在生化方面的国家安全问题,采取更有力的措施保护人民身体健康。

阴谋论源远流长,不可能也不必要完全消除。如果真组织第三方专家去武汉病毒所调查,阴谋论者会说:“既然是秘密策划的精心阴谋,怎么可能调查出来呢”,或者说:“调查组跟他们是串通一伙的”。在人类早期历史上,阴谋论是有神论的翻版,对神主宰一切之信仰的翻版。在《荷马史诗》中,特洛伊之战是奥林匹斯山上神祇的阴谋,希腊诸神之间的争斗是人间兴衰的原因。在阴谋论中,形形色色的权贵、精英和特定人群代替了神祇,制造老百姓遭受的不幸。当科学昌明后,瘟疫阴谋论的主角就从魑魅魍魉、巫师疯子和异教徒转为病毒学家和医生。

阴谋论不可消除,并不代表它是对的。有的阴谋论一听就很荒谬,有的则乍看起来有模有样,但与科学理论有本质的区别:科学允许并可以对其结论进行观察和实验的检验。而阴谋论是没有办法用科学的方法去检验的,就像说“上帝是男的”,既不能证实,也不能证伪。最关键的是,面对新冠疫情,阴谋论不能救人救命,科学才是结束疫情的有力武器。

理性地分析,并非绝对不存在阴谋。但是,当代社会非常复杂,有自身运行的规律和趋势,少数人的阴谋很难扭转社会既定发展方向。阴谋家策划半天,最终不能如愿:或者完全落空,或者偏离之前的预想。大规模的阴谋论涉及很多人,每个人想法各不相同,既难以协调,更难以长期保密。总之,阴谋论听起来煞有介事,细想起来是不可能完全实施的。武汉病毒所要真搞了阴谋,纸能包住火吗?

阴谋论不可消除,并不代表它是好的,不代表听之任之。阴谋论误导民众,情绪性和非理性明显,往往意识形态色彩浓厚,与狂热的民粹主义相结合,阻碍对疫情防控真正有用问题的关注,把社会注意力引向错误的方向。武汉病毒所被攻击为邪恶阴谋的化身,科学家的病毒研究工作受到不小的影响。历史上最臭名昭著的阴谋论,当属纳粹政权对犹太人的污蔑,它为希特勒的犹太人灭绝计划进行辩解。一个理性的现代政府,绝不会公开支持阴谋论,利用国家力量煽动民众狂热情绪。

有关疫情的阴谋论贬损科学家的形象,否定专家在专业问题上的话语权,甚至完全否认高新科技在社会发展和公共治理领域的正面价值,传播极端的反科学错误思想。历史经验表明,阴谋论煽动起来的公众情绪强烈到一定程度,会威胁社会公共安全。因此,对于疫情期间的阴谋论,应该组织专家进行澄清、辟谣,将之控制在适当的限度之内,主动将更多公众引向理性和科学。

一言以蔽之,面对疫情,相信理性和科学的力量,有效抑制瘟疫阴谋论,才是战胜病毒、结束灾难的正确途径。

阿甘本之争

全球新冠疫情爆发,各路知识分子粉墨登场,都想往前面凑一凑,站在聚光灯下。哲学家亦不能免俗,也想蹭一蹭热度。说句老实话,哲学家谈玄论道,帮闲比较合适,真要帮忙,搞不好越帮越忙。今天哲学在全球急剧衰落,所谓在世大哲学家也都是“矮子里面挑将军”,没有什么拿得出手的大理论、大体系,影响力越来越小。不过,欧洲的哲学家们勇于表达自己的想法,努力扮演好“公共知识分子”的角色,就这一点就值得表扬。

在过去的五十年中,欧洲哲学家努力和媒体、文艺界保持亲密关系,已经成为某种传统甚至“正道”。相比较而言,中国搞哲学的人数在全世界排在前列,在疫情的公共舆论中却贡献甚少。这可能与我们传统上对“高人”的理解一致:藏诸名山,静待有缘。中国文化中的“高人”意象,多是转身离去的飘忽背影。

欧洲哲学家论疫情,是个很大的题目。随便搜一下,就发现有点名气的欧洲哲学教授都发表过相关言论。我选取一个点,和大家一同讨论,即阿甘本和大家吵什么呢?也就是说,剖析一下意大利哲学家阿甘本的言论,以及围绕他的观点发生的争论。

阿 甘 本

相关情况想必大家都看了帖子。阿甘本是位 78 岁的老先生,可脾气不小,有欧洲新左派的鲜明个性。1968 年,中国搞“文化大革命”,巴黎学生也高呼“造反有理”,走上街头和警察干,垒沙袋,扔燃烧瓶,逼得“二战”英雄戴高乐总统辞职。这就是著名的 1968 年“五月风暴”。和那时比起来,现在法国的黄马甲运动、罢工运动完全没有当年的火爆气质了。去年我在巴黎待了一个月,正值巴黎人民因为退休金改革的事情搞全法大罢工,在香榭丽各大街上游行,实际上搞得跟嘉年华一样,很温柔很温柔。

阿甘本的理论主要发展的是法国哲学家福柯的某些观点。1968 年的时候,福柯已经是出名的大学教授,也上街闹事。1979 年伊朗伊斯兰革命,福柯很兴奋,跑到德黑兰支持革命。这就是新左派的革命气质,可不是光嘴上说说。不过,福柯支持的伊斯兰革命使得渐渐开放和民主的伊朗,被现在政教合一的政体所取代。所以,哲学家搞理论可以,掺和政治结果可能很可笑,福柯不是第一个,也不是最后一个。大家可能知道,对福柯产生很大影响的哲学家海德格尔就是“死忠”纳粹分子。

我说完新左派的底细,大家可以大概猜到:对于意大利政府应对疫情封城锁国的政策,阿甘本会如何表态,是不是?他一开始的观点是:新冠肺炎并不严重,和流感差不多,政府采取疯狂的紧急措施,是另有所图,即将例外状态常态化,扩充国家权力。后来,意大利疫情急转直下,他不能坚持说新冠肺炎不严重了,但还是说:就算疫情严重,政府也是正好借机实施阴谋,现在搞的这些严管措施只怕今后会成为常态了,不应该这么搞,不应该就为了活着牺牲生活。

为什么阿甘本会说出如此令大多数中国人无比震惊的观点呢?难道国家搞隔离不是为了大家好,不是为了让大家不被传染,不因新冠肺炎而丧命吗?就算有些做法过激,比如网上流传把村里的路挖断,不让外人进村,但大的方向难道不对吗?难道意大利人民真的不怕死,真的是"生命诚可贵,爱情价更高,若为自由故,二者皆可抛"?要自由,也不差疫情这几个月,过后大家还是可以好好自由,好好生活啊?对不对?

这就要讲一讲阿甘本的理论了,他对疫情的评论是他的生命政治理论的运用。他的理论有三个关键词:赤裸生命、神圣人和例外状态,很简单,一说就明白。

什么是赤裸生命呢?阿甘本把活着和生活对立起来。活着指向的是身体,是纯粹动物性的生命,这就是赤裸生命。而人不能光活着,还得生活。生活究竟是什么呢?阿甘本认为是思想,没有思想人就完全是动物了。身体与生活结合,既活着也生活,你的生命就是形式生命,当生活被剥离,只剩下活着,你的生命就成了赤裸生命。

谁的生命完全降格为赤裸生命了呢?阿甘本说,最典型的就是纳粹集中营中的囚犯,还有战争中的难民,他们为了活着,只能任人宰割,是神圣人。什么是神圣人呢?其实这个词最好翻译为"天谴之人",要不大家还以为这是个好词。阿甘本认为,在古罗马法中出现了神圣人,他犯下了某种罪大恶极的特殊罪行,因此:(1) 别人杀死他也是无罪的;(2) 他死了不能被祭奠。

既然杀死神圣人无罪,所以他不属于世俗;而不能祭奠他,所以他也不属于神灵,因此他是“神圣的”,就是两不靠的,各方面的地位和权利等都是模糊的、待定的。阿甘本对“神圣”这个词进行了考察,说这个词其实是不人不神的“中间地带”。

什么是例外状态呢?神圣人就处于例外状态之中,因为适用他的各种习俗、伦理、法律和政治权利等规矩都没有,完全要等主权者来决定。阿甘本所谓的“主权者”,指的是至高权力。你看纳粹集中营中的犹太人,希特勒要种族灭绝犹太人,怎么对待准备灭绝的对象呢?以前并没有什么成文的条例,而且这种东西也不能明白写在纸上吧?所以,集中营中的情况是例外,纳粹想怎么处置就怎么处置。

除了集中营、战争难民之外,阿甘本认为,例外状态并非是极其罕见的,而是在各种紧急状态、戒严状态和军事管制状态中经常发生的。他认为,“911”之后,经小布什总统授权,美军对涉嫌参与恐怖活动的人进行无期限羁押和审讯,这就是典型的例外状态。所以,例外状态有两个特点:(1)常规的规定没有涉及;(2)主权者对例外状态的处置有绝对权力。

与例外状态相对的是正常状态。阿甘本认为,例外状态本来是暂时的不正常状态,但例外状态中形成的某些治理方式常常在正常状态中被延续下来。因此,例外状态一再出现,一再悄悄地改变现代政治,悄悄地扩大着国家权力对人民的奴役。因此,往严重里说,阿甘本认为今天我们所有人都是潜在的神圣人。换言之,我们在不同程度上都生活在集中营中。

面对例外状态不断转变成正常状态的局面,我们应该怎么办呢?按照上面的逻辑,阿甘本当然是要反对赤裸生命,号召大家回归形式生命,简单地说,就是既要活着,又要生活。当所有人都回归形式生命,大家就组成了共同体,其中的人民再也不能被降格为神圣人,人人都在生活,上班不再是为了活下去所做的苦工,而是一种游戏。

说到这,大家应该完全明白阿甘本“何出此言”了吧?他把因为抗击疫情所做的隔离工作视为例外状态了,所以会说:政府又要阴谋,又想“套路”我们做神圣人,让我们为了活着而不要生活,自我隔离或强制隔离,保持社交距离,打碎我们与朋友、邻居结成的共同体关系,这坚决不行!

显然,阿甘本的言论太过耸人听闻,即便对于“宁要自由不要命”的西欧北美人民来说,都难以“消化”,因而招致一片批评的声音,支持他立场的是少数。网上很多人愿意做公益的翻译传播,批评阿甘本的相关言论,如吕克·南希、卡奇西亚、达凯斯和戴维斯等,大家都能在网上找到中文译本,不一一评述。

梳理各种批评意见,最有力的质疑主要在于两点:(1) 传染病疫情应对措施怎么能与集中营相类比呢?新冠病毒不是一种自然现象吗?(2) 生命政治完全是邪恶的吗?它能完全被抹除吗?我们先来看第一个质疑。

质疑 1

阿甘本断定新冠肺炎是“大号流感”,时间是在 2 月底,依据是当时意大利国家研究中心的观点。也就是说,他最初立论根据是当时的科学证据。但是,很快意大利疫情急速爆发,新冠病毒远超流感的危险性暴露出来:致死率更高,没有对治药物,没有免疫疫苗,不能再简单地把新冠肺炎当“大号流感”来对待了。随着疫情推进,欧洲的科学家和医生们对新冠病毒有了新的认识,开始放弃之前过于轻视的看法。

因此,阿甘本最初立论的根据有问题,他不能再说政府采取的隔离措施是无中生有了。但是,他可以改口说,就算病毒真的很凶猛,但政府趁机把人民推向例外状态,采取非常规措施,也是不对的,不能为活着不要生活。

不过,当他这样辩解的时候,你会觉得怪怪的:为了应对疫情,政府采取了某些紧急措施,这和当年希特勒以反犹主义修建集中营能一样能归之为例外状态吗?新冠病毒在显微镜下可以看得到,可以分离出来,引发的是实实在在的传染病,会导致死亡,而反犹主义说犹太人危害人类,危害欧洲,应该要被灭绝,难道不是彻头彻尾的意识形态谎言、彻头彻尾的仇恨煽动吗?这怎么能相比呢?

可阿甘本就这么类比了。为什么?这里有一个对现代科学技术的理解上的根本性差别。他所持的是社会建构主义的科学观,在欧洲新左派知识分子的圈子里非常流行。什么是社会建构主义?简单地说,它认为科学知识是社会建构,由社会因素尤其是社会利益所左右,因此并不是客观的。

社会因素对科学活动有没有影响?肯定有,因为科学家是社会的人,科学是科学家的活动,所以科学活动肯定受到社会因素的影响。比如说,科学家选择科学问题的时候,肯定会优先选择社会关注、能争取到研究资金的研究课题。但是,一般认为,在核心的知识生产活动中,也就是做科学实验、搞科学观察、提科学假说、完善科学理论的过程中,要保证客观中立,根据数据和事实来说话。

然而,社会建构主义认为,科学知识生产过程的每一个环节都受到社会利益因素的影响，完全不像科学家宣称的那样是客观的。科学家说科学是客观的、没有私人利益的，不过是为了让自己显得冠冕堂皇，以追求真理之名获得更多的资金。这就是所谓的科学修辞学。

对于中国大多数老百姓来说，建构主义太过夸张，很难理解：牛顿三大力学定律、麦克斯韦电磁方程、爱因斯坦相对论，里面有什么私人利益呢？多数人相信的是，科学研究是客观的，科学应用于现实中才有了各种利益因素的干预。显然，建构主义夸大了社会因素对科学生产活动的影响。

剖析社会建构主义不是我们的重点。我想说的是，社会建构主义在 20 世纪 70 年代兴起，到了 90 年代曾经红极一时，占据了欧美各著名高校的讲坛，到新世纪有所回潮，但在欧洲的文人尤其是新左派的圈子中，仍然是非常流行的。

如果科学是社会建构的，那它暗地里就会与权力勾结，为资本服务，术语叫作“共谋”（consipiracy），就会帮助统治阶级，压迫穷人、工人、弱者、女人和第三世界国家。这就是 20 世纪末期在欧美流行的反科学思潮眼中的科学技术，而且这种思潮对普通民众的影响越来越大。到了 90 年代，支持科学的科学家、思想家不得不与之展开大论战，这就是著名的科学大战（Science Wars）。

在建构主义者阿甘本心目中，哪有客观的科学知识呢，哪有什么实实在在的新冠病毒呢？一切都是政府为了奴役人民杜撰出来的，根本没有什么纯粹的“自然病毒”。在新冠病毒知识与反犹主义之间，他看不出什么区别，觉得拿意大利封城与纳粹集中营类比，完全不“违和”，而我们会觉得莫名其妙。30 年前，医生建议阿甘本的朋友南希装心脏支架，阿甘本说不要相信医生说的，30 年后，南希说，幸好那时没有听阿甘本的。

受“五月风暴”影响而成长起来的那一代欧洲理论家,很多是新左派,对现代科技持有强烈的敌意。这与马尔库塞的影响有关,当年他是“五月风暴”的精神领袖,他写的《单向度的人》几乎成为学生造反运动的“红宝书”。“新左派”这个名字,也因他参与编著的《工业社会和新左派》而走红。在马尔库塞看来,科学技术是资产阶级统治的帮凶,是发达资本主义奴役劳动人民、将整个社会变成全面管理社会的利器。

在欧洲思想史上,新老左派都批判资本主义,要追求民主自由,反对极权主义。诡吊的是,在对待科学技术的问题上,两者却南辕北辙。“二战”之前,老左派主张学术自由,反对国家对科学的干预,强调科学无国界,坚持科学技术推动社会前进的进步意义。六七十年代以来,新左派完全从社会不平等的角度攻击科学,将科学视为某种意识形态,宣称资本主义制度异化了科学技术,使之成为压迫无产阶级的工具。新老更替,此一时彼一时,令人唏嘘。

质疑2

接下来,我们再来看第二个质疑:生命政治完全是邪恶的吗?它能完全被抹除吗?什么是生命政治?生命政治是福柯最先提出的一种理论。我博士论文做的是福柯,当时就对不少中国人喜欢福柯的理论深感困惑,因为他说的一套理论完全是非理性的、很情绪化的东西。

比如说,福柯认为疯子比正常人更正常,要在疯子、囚犯、病人、性变态的人身上才能发现人的真相。为什么呢?正常人生活在文明社会,会压抑自己,不会表现出真实人性,不再是“原来的”自己,只有那些发了疯的人才会想做什么就做什么,所以福柯认为疯子更正常。你觉得他说的有没有道理?人想干什么就干什么,由本能支配,那不是要回到树上吗?文明约束人的行为,这样才有“人之异于禽兽”啊。

我举这个例子,是要先告诉大家福柯思想的基本气质,对他提出的生命政治概念有个气质上的理解:他想追求的是一种彻底的、酒神般狂醉甚至会毁灭自己的自由。实际上,他过着极其危险的人生:同性恋、得过精神病、搞学潮、闹革命、吸毒、自杀、研究奇奇怪怪的人群,最后死于当时刚刚被发现的艾滋病。

关于生命政治,福柯零零碎碎在一些书,尤其是几本演讲录中东拉西扯说过,不过总的思想基本是清楚的。

福柯认为,权力运作模式在 19 世纪发生了根本性的转变,从王权转变成了生命权力,两者对待人的根本态度是不一样的。王权关心的是国王的权力不受侵犯,它不关心臣民们活得好不好,但是谁要胆敢触犯王权,比如搞叛乱活动、抗捐抗税,就“虽远必诛之”。它是一种管死不管活的权力,最高体现就是剥夺人的性命。所以,在王权时代,对罪犯会公开惩罚,公开杀头,以向所有人昭示统治权的暴力。

与之相反,生命权力是管活不管死的权力,运作方式是控制活人的肉体和生活,从生到死都安排好,培育顺民,让人按照标准来生活,一旦违反标准就采取各种技术手段进行改造,最终使之变得服服帖帖。死亡对于生命权力就没有什么价值,所以现代死刑都是在监狱中秘密进行的。

生命权力是知识和权力共生的权力,它指向的是人的肉体及其行为。也就是说,生命权力要安排每个人的生活,就要研究人、改造人,需要复杂细致和可操作的相关知识。比如说，改造罪犯的行为需要相关的狱政学、犯罪心理学等知识。反过来，生命权力的运作过程，会促进各种相关新知识的产生和发展，比如人口学、社会统计学和城市规划等就是由此而兴起。这就是知识与权力共生关系的基本含义。换言之，生命权力是一种技术性的权力，要运用诸多治理技术来控制人群和社会。

在福柯看来，生命权力不仅是某种理念，还落实到现代社会的制度和组织层面，形成他所谓的真理制度。而生命政治就是生命权力施加于每个个体的政治治理技术，是真理制度的重要部分。

福柯仔细分析了生命政治所使用的一些治理技术，尤其是区分技术、规训技术和人口技术等。这里不能展开讲，我要告诉大家的是：(1) 生命政治治理术作用的对象不是人的思想，也就是说不关心洗脑的问题，而是作用于人的肉身，要改变人的行为，要干涉人如何活着。(2) 生命政治治理术对肉身的干涉从两极作用，一是如何改造个体的人的行为，二是如何改变作为群体的人即人口的行为。

总的来说，阿甘本的生命政治理论可以说是对福柯提出的生命政治的一种阐释，说明生命政治究竟是如何产生、发展和扩散的。阿甘本的答案是：生命政治在例外状态中产生和发展，然后以例外状态转变为常规状态而扩散。

福柯和阿甘本的生命政治理论都是对知识—权力滥用的批评。在福柯看来，治理术让当代社会变成了监狱社会。在阿甘本看来，治理术让当代社会变成了集中营社会。他们所用的名词不同，立场大致是一样的。

我将运用科学原理和技术方法来运行社会的治理方式称为技术

治理，生命政治是其中一种思路，即运用技术方式改造人的生活、控制人的行为。结合前面讲的新左派和反科学在西方流行的大背景，大家可以想到，西方民众对于技术治理会持有多么批评、反感甚至仇视的态度。除了马尔库塞、福柯和阿甘本，西方思想家对技术治理的类似批评数不胜数。

你看好莱坞电影里充斥邪恶的、疯狂的科学家，正在谋划统治世界。大家想必看到新闻说，居然有英国人相信5G基站传播新冠病毒，于是放火进行破坏。在欧洲疫情中，抱有阿甘本式想法的普通民众非常多，大家都不戴口罩，不配合政府的隔离措施。

我们的质疑是：生命政治真的是完全邪恶的？生命政治难道一点好处没有？和封建时代动辄肉刑、杀头的治理方式比较起来，生命政治不是一种进步吗？一百年前，大家的预期寿命只有三四十岁，现在活到七八十岁不稀奇，难道这不是一种进步？

有人会说，我的生活我做主，别人怎么能够干涉呢？可你仔细想一想，哪里有所谓完全自己做主的人生呢？文明就意味着对人的行为的控制。你的行为方式不是你爸妈教的，不是学校老师教的，不是书上教的吗？怎么会是你自己完全做主的呢？欧洲人和中国人吃饭的方式都不一样，一个分餐，一个合餐，这不是不同文化培育的结果吗？所以，生活在文明社会中，被改造、被控制在所难免，同时也会改造别人、控制别人。教育就是改造人的重要方式，当代社会所有人都要受义务教育，难道这些都要废除吗？

关键是改造和控制的度和目的。适度控制，适度改造，促进社会进步，维护社会秩序，这属于正常的治理范围。但是，如果控制过头，改造过头，或者为了极权主义目的进行控制和改造，就不属于正常的治理范围,而属于极权主义操控了。的确,生命政治存在着走向极权主义的风险,但它**并不必然**走向极权主义。

有人说,不能用科学技术方法来控制和改造人。为什么?技术治理手段太厉害,谁也跑不掉,想躲都没有办法。首先,技术治理没有看起来那么厉害,和别的手段一样漏洞百出。其次,技术手段用到什么程度,难道不是可以受到约束的吗?事实上,技术治理已经是当代治理的既成事实,有意义的思考是想办法去约束它,比如用民主制对它进行约束。

总之,我们当然要时刻警惕极权主义,但更不要失去理性,因噎废食。新冠疫情清清楚楚地表明:理性在欧洲文化圈已经衰落。

最后,一个有意思的细节是,福柯研究人口技术的时候,主要精力放在批判自由主义治理术和新自由主义治理术。福柯的意思是,所谓自由不过是以自由为名的资本主义控制技术。这次疫情中很多欧洲哲学家批评新自由主义破产了,基本上都是在重复福柯的老调。

病毒和忧郁症的隐喻

《疾病的隐喻》是本“才子书”。我理解的“才子书”,有几个特点:(1) 喜欢“掉书袋”,尤其是文艺方面的书,也喜欢名人名言,东拉西扯,信手拈来,什么话都能圆;(2) 充斥一些有趣的细节,以此为基础提出一些看似意味深长的结论,比如说包法利夫人最后一次去偷情,作者描写清晨草地上有哪几种植物,想表达的某种深意,你知道吗?比如说你细品《闲情偶寄》,能看出李渔最喜欢的女人是什么样子的吗?(3) 满篇都是典故、俏皮话、双关语以及文采斐然的警句格言,明显看不起没文化的人。大概是让你们这些俗人看我的文字都觉得害臊——哈哈哈,偏偏没文化的人特别喜欢这种“风雅”。

我学工科那阵,特别迷“才子”,好奇他们在哪里找来这么些奇怪书来看,在哪里有这些奇怪的念头。于是,找了很多文科书籍看。现在我知道了,不是什么奇怪不奇怪,而是中国的理工科大学图书馆根本没有最基本的人文书籍,老师也根本不教。读了博士,我就不那么喜欢“才子书”了,总觉得文艺是文艺,热闹也热闹,却没有多少深刻的思想,唬唬忙于生计的芸芸众生罢了。

苏珊·桑塔格的思想还是不肤浅的,不过这本书其实要说的是:你要生病了,不要多想,安心听医生安排,好好治病。你多想的是些什么呢?那叫“疾病的隐喻”,都是一些疾病之外的文化、道德、宗教、政治和社会学等方面的联想,多想无益。这就是她开篇说的:“我的主题不是身体疾病本身,而是疾病被当作修辞手法或隐喻加以使用的情形。我的观点是,疾病并非隐喻,而看待疾病的最真诚的方式——同时也是患者对待疾病的最健康的方式——是尽可能消除或抵制隐喻性思考。”

你究竟会想些啥呢?苏珊主要以肺结核、癌症和艾滋病为例,从各种文艺书籍中找资料,开始絮叨各种与疾病相关的“隐喻”。什么是隐喻?就是以一物比喻另一物,属于随心所欲的联想。比如19世纪的西方人发现有时候肺结核病人喘不上来气脸色潮红,会认定那是欲求不满给憋的,会建议赶紧谈个恋爱或找个情人——哈哈哈,大家今天知道,这恰是肺结核病人的速死法。一些彼时的小说家甚至以为,如果非要死,让我得肺结核死算了。为什么?因为结核病死得很优雅而令人肃然起敬。这种想法让我“肃然起敬”!

你要认真地看苏珊这本书,一定会得出结论:人是一种喜欢瞎想的物种,可能神赐予大脑是让我们瞎想自娱的,而不是让我们正经想问题而升华的。这对于技术治理最大的启示是:你所治理的人在非理性中会觉得舒适,这一点看起来是不可能改变的,必要的时候理性都应该穿上非理性的外衣,或者说要求得非理性的谅解。

面对疾病,今天的人们同样瞎想着,不多也不少,并且隐喻内容与19世纪一脉相承,没有根本性的差别。当前谈“疾病的隐喻”,最典型的应该是病毒和忧郁症了。

新冠病毒成功激起了战争的隐喻:各种病毒对人类社会虎视眈眈,随时准备入侵,而人族必须严阵以待,随时准备打退敌人猖狂的进攻。现在的问题是:似乎敌人越来越狡猾,而人类越来越腐败和软弱。

所以太多人开始高喊:要组织起来,要不择手段,要发动对病毒的总体战争。对此,苏珊说:“不,‘总体’医学就如同‘总体’战争一样不可取。”我反对此类狂热战争情绪的理由是:从科学角度实事求是地看,病毒并不是我们的敌人,而且人族永远不可能在社会中灭绝病毒。

实际上,病毒并没有躲在黑暗的角落,而是堂堂正正地活在阳光下。它不光与黏液、腐朽、呻吟和死亡相连,还与生命、繁殖、氧气和创造密切相关。人是地球一员,病毒同样是。

至于病毒是上天对失德的惩罚,或者是对当代人不健康的生活方式的报应之类“道德愤慨”,更是人类数千年来对疾病的常规性隐喻。在疾病的泛道德主义阐释方面,忧郁症最为突出:它将家庭个体向社会个体的转变过程中自然出现的不适应、紧张感和压迫传导疾病化,同时浪漫化和道德化。在中国,压力可能还来自急速现代化带来的再适应困难。

正如苏珊所言,现代疾病范畴的扩展依靠两种假说:(1) 每一种对社会常规的偏离都可被看作一种疾病;(2) 每一种疾病都可从心理上予以看待。显然,忧郁症是这两种逻辑的“合体”,即忧郁症同时是社会偏离和心理问题。在外人看来,患忧郁症主要不是病态,而是无力、苍白、敏感甚至有些优雅——悲伤使人变得“有趣”。在日益赞赏柔美的当下,忧郁症给患者尤其是女性患者某种罗曼蒂克的色彩,一如 19 世纪浪漫派小说对结核病的某种情绪。要知道,在很多人眼中,精神错乱都具有“坦诚相待”的美德,甚至是“因真理而疯狂”的意味。

另外一个有意思的精神病当代新隐喻是:精神病患者打人不犯法,有本“精神病人证”(公众臆想出来的)“护体”,出门都可以横着走。到忧郁症这里问题来了:忧郁症患者能享受狂躁症患者诉诸暴力的责任豁免权利吗？这与忧郁症的罗曼蒂克化明显是冲突的。一般的意象是：重度忧郁症的美女，蜷缩在冰冷水泥地上，长发遮住面庞，最好身旁得有冰凉的铸铁暖气片。如果她发抖的手上拿着一把滴血的美工刀呢？不知道大家是不是能接受。

然而，我相信苏珊说的——她得过癌症——忧郁症的所有隐喻不但不能，相反肯定会加深患者的痛苦。患者得到的疾病化、浪漫化、道德化和其他隐喻是别人的理解，忧郁的人只会一遍遍地问：你们怎么不理解我呢？悲惨的是，多问一遍，忧郁症的"灵韵"就深一层。

21世纪初，肉体病和心理病都越来越被重视。也不知道是疾病真的越来越多，还是"疾病隐喻"的增殖力量更上了一层楼。

疫情中的“无人技术”

“无人”科技之所以被称为“无人”，是因为无人技术的产品、设备或工具不需要直接的操纵者就能自动工作。无人技术主要是机器人技术，抗疫中运用的“无人车”“无人机”和医疗机器人均属于不同类型的机器人。宽泛地说，抗疫中广泛运用的 AI 体温检测设备、AI 人脸识别设备等，无须防疫人员持续介入，极大地减轻了人力不足的压力，也可以算到无人技术中。

无人技术表现差强人意

无人技术本质性的特点在于“智能”，它能取代工作中原本必须依靠人的脑力来完成的部分，进而完全独立地完成工作。乘客设定好目标，无人驾驶汽车自行收集和判断路途中的相关驾驶信息，自行决定驾驶方案细节，所以它具备一定程度的智能，属于无人技术，而水力磨坊虽然也自动运转，但没有任何智能，就不属于无人技术。因此，无人技术大类上属于智能技术。

新型冠状病毒传染性极强，疫情爆发期间人与人面对面的接触感染风险高，必须要尽量减少面对面的接触。无人技术可以做到在无人参与的状态下工作，所以从理论上说，它可以将面对面的接触转变成人与机器的接触,在疫情防控与应对工作中大显身手,甚至有可能从根本上改变疫情爆发时抗疫应急处置的根本模式。

在过去一个多月的抗疫工作中,无人技术发挥的作用还是可圈可点的。概括地说,包括无人技术在内的智能技术对抗疫工作的助力主要集中在:(1) 疫情相关数据分析、判断和预测,如用交通数据、移动通信数据分析人员流动状况,用即时病人统计数字预测疫情动向;(2) 辅助医学诊疗工作,如 AI 帮助 CT 进行初步医学判断,还有极少量的医学机器人手术应用;(3) 用智能测温与人脸识别技术筛查病人,用智能摄像机辅助病人管理;(4) 在与疾控不直接相关的其他辅助工作中也大量应用了智能技术,比如物联网、大数据技术帮助抗疫工作中人财物的调拨,机器人收集舆情信息,等等。但是,上述应用很多都是非疫情期间的例行工作,针对疫情爆发时期的危机处理,智能技术并没有表现出太多“出彩”的地方。尤其是在街道和社区的一线工作中,无人技术和智能技术没有表现出应有的力量,比如人员管控基本上靠登记填表、高音喇叭等“人海”战术,耗费大量人力,无人技术作用很小。有的村里用无人机喊话不戴口罩的外出人员,有的公司用无人机给医护人员送外卖,但均属于无统计学意义的个别案例。

迄今为止,无人技术在疫情防控和危机处理工作中,与理想状态的差距还比较大。应该说,在将最新科学技术应用于公共治理活动的技术治理领域,尤其是突发公共事件的应急处置和危机治理领域,目前中国还有大量工作要做。在智能治理和无人治理中运用智能技术和无人技术在此次抗疫活动中表现出来的不足就是佐证。

不如人意的原因何在?

一些专家认为,目前智能技术的推广主要集中于消费领域,而忽视其在公共治理尤其是危机处理领域的应用,商业上不重视导致其在疫情中的表现乏善可陈。这种观点有一定的道理,但仍需要进一步分析商业上不重视的原因:是公共治理领域没有相关需求,还是该领域应用的经济效益不高呢?有数据表明,中国物联网兴起最初的动力就来自政府以及银行、能源、交通等公共事业领域,它们既有旺盛的需求,也有强大的资金支持。类似地,很难说中国公共治理领域对智能技术的需求不足,更不能说相关公用事业部门缺乏足够的财力。

是不是智能治理领域的技术应用难度太大呢?最近,杭州上线“健康码”对全市人口进行分级和监控,浙江长兴县通过智能门锁收集住户居住信息,表明在疫情危机时期,智能技术不仅可以帮助医学诊疗,还可以在防疫隔离和卫生安全工作中有所作为。比如机场、火车站和公共场所等无人测温、人脸识别和摄像监控等信息,如果能与街道社区共享,将会减少许多重复的上门核查工作。比如无人机、无人车如果能在“封城”和禁行的空旷城市中分发口罩、医用酒精和常见预防药物等防疫物资,运送基本生活物资,接送病人,承担有限公共交通职能,就可以减少许多面对面的接触机会。总之,以目前的技术水平,无人技术是可能发挥更大的作用的。

那么,危机中的“无人困境”究竟根源何处?最主要的原因可能是:在当前中国新型的智能治理领域,智能技术不能与“治理中的人”很好地结合,我称之为智能治理的“无人困境”。显然,智能治理不是纯粹的技术问题,而是技术与治理融合的活动。提及“治理”二字,就不能不考虑人的因素,特别是要考虑治理活动中人同时作为治理者和被治理者的特点和规律。在疫情当中,还要考虑疫情危机中人的变化,比如心理上更敏感、紧张和亢奋,否则就不能很好地发挥无人技术在疫情危机处理中的作用。

危机处理中的无人治理必须要同时考虑治理者和被治理者的因素。比如说将公共场所的监测信息与社区街道共享,直接就涉及人的隐私权问题:即使是危机时期,个人隐私的扩散也应该是有限度的。比如说用无人机分发防疫物资,首先要解决的是分发给谁、分发多少,对于不同医学分级人群应该是不同的;其次分发到基层的防疫物资如何进行终端分配,这都涉及非常细节的程序和规章,涉及被治理对象的权利和义务。反过来,危机处理中治理者也存在诸多问题,比如疫情中广受诟病的官僚主义和形式主义问题,某些人利用特权谋取私利,一些基层防疫人员胡乱执法,还有民怨沸腾的懒政和瞒报行为,等等。

从某种意义上说,智能治理或无人治理更多的是治理活动,而非纯粹技术活动。也就是说,无人技术是为公共治理和危机处理服务的。当然,这并不是要否定无人技术进一步发展的必要性。显然,此次抗疫暴露出中国无人技术和产业的诸多问题,比如技术人才尤其是领军性专家的缺乏,不同技术集群之间壁垒严重导致面对实际问题时融合困难,无人产品研发中对真实应用情境理解不够,等等。但是,当前无人技术在危机处理应用方面的阻力,更多是来自于忽视或缺乏对人的因素的有效性和可操作性的研究,及其与技术融合不畅的问题。

脱困的若干原则问题

要摆脱无人治理的“无人困境”,提升未来的智能治理水平,当然离不开无人技术的发展对策,针对疫情中暴露出的问题进行查漏补缺。但更重要的是加强智能治理和无人治理中人的因素和技术因素的融合,这需要从医学技术、智能技术、公共卫生技术以及相关伦理、法律、心理、危机管理等诸多层面进行系统反思,推进制度建设、技术研发和人才储备,加强组织领导、专家咨询和实战演练,不断系统地提升国家的智能治理能力。

抛开细节建议,应对上述“无人困境”,至少要重视如下原则性的问题。

(1) 加强技术专家与治理专家、实际管理者的沟通和合作。技术专家熟悉智能技术的细节和可能空间,治理专家了解公共治理活动中与人的治理相关的理论问题,而实际管理者深谙国情和治下各方面的情况,要走出“无人困境”,必须要融合三方面的意见。实际上,中国学界目前对包括智能治理在内的技术治理的理论研究还很缺乏,需要大力加强。在技术治理方案后期,最好还应该听取直接利益相关者的意见,不断完善和改进,政策才能有效地落地。

(2) 约束治理者权力,这也意味着对被治理者权利的保护。在技术治理中,官僚主义是常见的现象之一。官僚机构重视运用新技术,这与扩大自己的组织和权力相关,效率并非其第一考虑的因素。智能技术在公共治理活动中的运用,导致各种信息成倍增加,如城市管理中的水电气、交通和人流等信息,需要更多公职人员加以处理,于是官僚机构会不断膨胀。新技术的应用,需要大量人力、物力和财力,掌管三者的官僚机构权力不断增大。除此之外,常见的过度治理现象也是由治理者权力失控导致的。抗疫期间疾控专家说,出门要戴口罩,在人烟稀少的空旷处可以不戴,到了基层就变成只要有人没戴口罩就呵斥,甚至打骂、扭送派出所。这是典型的过度治理的现象。

(3) 约束技术专家权力。无人技术运用于公共治理领域,相关专家因其专业能力,先天就具有技术权力。但是,专家同时也是危机处理中的利益相关者,有着自身的利益诉求,并且由于专业局限对其他事务同样缺乏足够了解,如果专家权力过大,可能出现胡乱决策和以权谋私等问题,必须对专家权力加以约束。一是要清楚划定专家权力的范围,二是要设置权力越界的纠错制度,三是要加强工程师的伦理教育,四是要注重不同专业专家尤其是人文社会科学专家与自然科学专家的平衡。

(4) 预测与平衡反治理行为。作用力伴随着反作用力,权力伴随着反抗,治理伴随着反治理。无人治理把人理解为"治理中的人",但人具有更多丰富属性,如"情绪化的人",片面理解必然导致反作用力。反治理行为不可能完全消除,治理必须理解、容忍和控制它,实现治理与反治理一定阈值下的平衡。比如隐私权问题,无论怎么划定,智能治理总会招致来自隐私保护的阻力;比如无人技术可以减少面对面接触的机会,也产生技术上的低效、怠工和破坏问题,随处可见的摄像头关键时候作用不大属于低效现象,对无人技术等新科技不熟悉可能引发怠工行为,而可能出现的黑客攻击、物理拦截和智能外呼机器人垃圾电话都是技术的破坏性治理。

(5) 区别治理与操控。技术治理的运用是有限度的,超过限度就成为技术操控,把被治理对象当作囚犯来对待,严重侵害公民的基本权利。无人治理的未来发展,必须要具体考虑各种应用的限度,这不仅涉及治理目标,还涉及所采用的手段,只能在具体的社会语境中加以冷静、客观和谨慎的审度。其中一个非常重要的原则是:无论哪一种治理方式,治理对象应该是作为群体的人或者统计学意义上的人口,而不是精确到单个人的行为,机械决定论的思路肯定会导致越界,引发治理系统的崩溃。

(6) 区分信息与舆论。当无人技术和智能技术运用于治理活动中时,必然要涉及信息流动的问题。在抗疫活动中,许多信息是客观和物理的,不带主观歧义,它们与疫情判断、预测和防控直接相关,比如发病人数、药物疗效和医疗物资状况等,这类信息必须以保持通畅为第一原则,尤其是在专家和政务系统中传播不受阻碍,否则就会延误时机,误导判断。当然,信息无阻力传播也是要分级的,需遵守保密法规。而舆情信息是有很强的主观色彩和意识形态性的,其中掺杂大量的谣言和错误言论,需要运用意识形态技术进行治理,引导主流旋律,平衡不同声音,压制敌对意见。混淆信息治理与舆论治理,会严重阻碍危机处理中信息流动的关键作用的发挥。

疫情应对暴露科研三大问题

新冠肺炎疫情爆发,“点燃”国内学界相关研究的热情,各种应急研究专项纷纷上马,两百多种药物开始临床试验,许多学术期刊发起专题组稿、笔谈,很多出版社也在组织出版“战疫”书籍。“热闹”场面和17年前“非典”疫情期间的情况非常类似,甚至差不多就是重演一遍。今天的一些问题,如专家判断被政治干扰、抢发国际论文、专家阴谋论流行导致专家信任危机、传染病和公共卫生知识的科学传播不力等,非典期间存在,这次也存在。

“非典”疫情结束后,各行各业都进行“抗疫”总结和表彰,学界则评选出优秀研究项目、优秀书籍和优秀科研人员。但是,这些成果在理论上究竟有多大创新?在实践上对传染病防控和应对究竟发挥了什么作用?为什么许多老问题会再一次出现?目前如火如荼的新冠肺炎研究会不会遭遇同样的命运?我们应该对疫情期间学界的科研工作进行“二阶”反思,寻找问题,查漏补缺,才能真正继续前进。

总的来说,在新冠肺炎疫情应对过程中,国内科研工作至少存在三个需要改进的问题,即“工分制”“伪创新”和“伪智库”。笔者抛砖引玉,求教于方家。

先说“工分制”问题。1月底,科技部专门发通知,要求把论文“写在祖国大地上”,在疫情防控任务完成之前,科研单位和科研人员不应将精力放在论文发表上。很多人批评专家学术道德有问题,批评专家精致利己主义。实际上,这不是单纯的道德问题,更多牵涉深层的制度问题。今日直接威胁学术最甚者,乃是学术的“工分制”:科研人员为评职称而做科研,失去了科学研究的初心,既无追求真理的执着,也无造福人类的热血。

在“工分制”之下,学术等同于通过量化考核、计件工资考评和职称晋升。现在学术从业者太多,工分制便于管理,狠下心来可以淘汰几个“南郭先生”,评选出“生产能手”。越来越多的从业者在“工分制”之下被潜移默化,把学术等同于一篇接一篇的发表、一个接一个的项目、一个又一个评奖和一级一级的晋升。究竟写了什么做了什么,反倒越来越不重要了。

无论是自然科学领域,还是人文社科领域,无论是“海归”还是“土鳖”,当前都存在这种普遍的、令人忧虑的状况。把勇攀学术高峰等同于评职称,和职务晋升没有差别,和做生意挣钱没有差别。于是,学问人生从博士研究生到博士后、讲师、副教授、教授、青年长江、杰青、三级教授、长江学者、二级教授、一级教授、院士,与经商人生从普通职员到项目组长、部门总监、副总裁、“霸道总裁”、董事长,被认为没有什么本质区别,都是“打怪升级”。

既然如此,评职称需要什么,就朝什么方向努力。需要论文,那就拼命发表论文吧:可以托关系、找路子,可以追热点、造数据,可以抱团取暖,也可以“独狼”潜行,还可以结交编辑,请托转载文摘。需要社会影响,那就“编织”影响吧:四处开会、“攒”会,讨好媒体,报纸上发点声音,出个镜头,组织人给自己抬轿子、吹喇叭,做“明星”“网红”。需要科研项目,那就申报吧:四处钻营、拜码头,甚至一个个评委打招呼,有官职的利用官职,见项目就写申请,一个都不放过,从青年项目到一般项目、重点项目、重大项目,琢磨怎么写申请书能中,国家和评委喜欢什么就搞什么,根本不管有没有价值、研究可不可行。需要行政职务、学术职务——众所周知,中国高校当官好评职称——那就要求“进步”吧:在单位不管是教研室主任,还是系主任助理,那都是一个官呐,得“争取”,得步步高升;在学界拉帮结派,勾搭同道,垄断资源,弄个学术社团的理事、常务理事、主任、副理事长、理事长,广搭台子,多多益善。需要国际化,那就“洋”化吧:找机会出国开会访问,发个言,赶紧拍照发朋友圈,拉来几个洋人做讲座,炫几句英语,挂几个莫名其妙英文杂志的编委头衔,最好有资源找几个海外华人直接“攒”个外文杂志……如此这般,职称就会上得比别人快,“帽子”就会比别人多。

学术本质是什么?生产同行认可的创新性知识。做学问不等于评职称。也就是说,你做这些,根本性的目的是为了做学问,为了学术进步,而不是更快地评职称、戴帽子。当然,你学问做好了,健康的学术生态应该让你先评上职称。现代学术的本质是创造,要生产有价值、为学术共同体认可的新知识——这些新知识很可能会产生社会效益和社会影响,但在短期内也不一定。比如说写论文,是你的研究在某一点上推进了前人的认知和理解,有见解、有新知,属于有话可说、有话要说。而现在很多人为写文章而写文章,追热点,“攒”文章,东“挖”一下,西“挖”一下,根本没有什么章法,关键是要好发;也有不痛不痒你商榷我一下、我商榷你一下的,目的是制造点话题,多发文章;也有盯着“洋人”的最新发表,归纳归纳搞个引介,别人还是三四十岁小年轻就说他/她是大腕巨擘的;甚至有的人四处开会、听听别人的发言和观点,回到家就“攒攒”,说是自己的新观点。正道应该是,论文写得多,乃是因为研究得好,研究战略、研究方法、研究领域和兴趣点选择得好,有创新、有效率。

学术自由不是一般意义的自由,而是为学术的自由,要保证知识独立于其他社会体制尤其是政治、商业和军事。自由学术反对异化,反对把学术共同体变成"生产队"。任由"工分制"肆虐,长此以往只能是人心荒芜,学术"废土"一片接一片。按照马克思的说法,这叫学术劳动的异化。

再来谈一谈"伪创新"问题。新冠肺炎疫情出现以后,大家纷纷琢磨以此为题设计课题、撰写论文,其中有多少创造性的思想?多少是"炒现饭"?要警惕新冠肺炎时期的"伪理论创新"。"工分制"必然催生"伪创新",为了发表而创新,往SCI、SSCI、CSSCI"灌水"。

回过头来看看,非典时期热火朝天的成果,到底有多少真正的创新?值不值得写篇新论文表达一下观点呢?跟之前传染病论文相比,非典论文有什么创造呢?今天把非典论文中的SARS都换成新冠肺炎,把文中的数据和事实换成这次疫情的情况,加几个新词,是不是又可以重新发表呢?我们还要一次又一次说同样的话吗?

非典疫情顶峰的时候,很多人表示,SARS具有划时代意义,中国将迎来"后SARS时代"。现在看来,这种观点很有"为赋新词强说愁"的味道。很多人之所以认为非典重要,是因为应对疫情暴露出公共治理的一些问题,这受到党和国家、政府的高度重视。类似观点在此次疫情期间也很流行。疫情是否暴露出政府存在的一些以前没有暴露的问题?无论是公共卫生危机处理机制,还是媒体监管与信息公开,似乎都并不是才暴露出来的新问题,也不是第一次被拿来讨论。政府重视就使得疫情意义重大吗?政府重视的东西很多,它们都具有划时代的意义吗？到底此次疫情的特殊性在哪里？必须对它进行深入研究，“后新冠时代”观点并不是自明的，不要遽然下结论。

“伪理论创新”不少，说明中国知识分子在理论创新方面的某些“短板”仍然存在。第一是批判性思维不强。作为知识生产者，批判精神的培育至关重要。科学家默顿提出四条“科学的精神气质”：普遍主义、公有主义、无私利性和有组织的怀疑主义，其中“有组织的怀疑主义”强调的就是对既有科学知识及其前提进行理性地批判。而古尔德纳在《知识分子的未来与新阶级的崛起》中指出，作为一个阶层，知识分子拥有相同的文化背景，即“批判性话语文化”。对新冠疫情的研究，不能简单地照搬照抄专业理论，要根据实际情况对理论前提进行批判、调整和改造。第二是缺乏问题意识。改革开放以后，中国开始进入大的转型时期，各种各样的问题层出不穷。相比较而言，学理的回应总是慢了半拍。很多问题，总是在明显暴露和政府重视以后，才开始被深入研究。如果先知先觉地对公共卫生危机机制和信息公开进行深入、全面和建设性讨论，而不是满足于“后知后觉”的议论，肯定能在疫情应对中发挥更大的作用。问题是科学研究的起点、提出问题的高度从很大程度上决定了研究的水平。善于发现真正有意义的问题，是当前知识界普遍缺乏的能力。第三是缺乏原创力。在疫情研究中，一些人甘心做“二道贩子”，将自己的工作定位于引介外国人的研究成果。中国现代意义的学术已经有近百年的历史，对西方学术的移译、借鉴、移植、批判也有近百年的历史，但是自己的创新还远远不够。把西方的东西照搬到中国，会不会“水土不服”？建设中国特色的社会主义本来是一块“滋养”大的理论创新的实践“沃土”，新冠肺炎疫情应对的国际比较更是突出了“中国道路”的独特性，如果有足够的原创力,结合国情可以提出很多原创性的观点。

最后再讨论“伪智库”的问题。最近几年,国家对智库建设非常重视,投入大量的人财物,成效有多大呢?新冠疫情之前,在中美贸易摩擦期间,就有很多人指责说,智库没有起到应有的作用,没有预见或“误判”了特朗普政府对华政策的变化。此次疫情期间,咨政智库专家的表现同样招来不少批评。更重要的是暴露出一个根本问题:国内智库的独立性有多大,是不是仅仅作为政府政策的解释者而存在?要警惕把智库当作政府“传声筒”、把咨询和内参当作政策论证学的倾向。上面说什么就是什么,领导说什么就是什么,智库专家就是论证一下领导说得对、决策得好,这样的智库就是“伪智库”。

智库是什么?智库本质上是要将建议权从各项政策权力中独立出来。智库为什么在美国兴起?美式民主宪政讲究分权制衡(checks and balances),在科学帮助政策制定问题上也要分权制衡。专家在政治体系中主要以专家建议者发挥作用,而不是以必须为政策负责的决策者发挥作用,这是分权。专家建议是有约束力的,要公开和正式给出,不是可听可不听的。专家及其建议权是有正式法律地位的,政府不能随意提名或免除建议者的资格。这是制衡。总之,智库建设涉及政策制度问题,不是找几个人挂个牌、开个会、写个对策报告那么简单。

无论如何,智库建设必须要避免两大基本问题:一是不尊重政治建议权,不拿专家当回事,将其当做摆设;二是专家与政客勾结,为小集团利益做政策背书,专业术语叫共谋(conspiracy)。尤其要避免咨询和内参成为政策论证学,与“上头”意见一致就用,不一致就丢进垃圾桶,甚至“冷藏”个别专家。

当然,智库要为国家建设服务,专家权力要大致约束在政治权力者的建议权中,可以避免某些专家直接掌握最终决策权而可能导致的问题。比如,费耶阿本德反对专家决策,理由有三:(1) 专家意见往往不一致,专家甚至可以证明任何观念;(2) 专家往往与讨论的问题无关,只能从狭窄的专业框架理解没有任何体验的问题;(3) 根本无法证明专家决策比外行好。更多的人担心,专家政治会不会把人们当成数字、图表和机器。在权力多元化社会中,专家掌握部分政治权力,尤其是通过占据政府职位具体实施行政权力。一个健康社会的权力格局应该是多元的,即政治权力、学术权力、宗教权力、媒介权力以及非政府组织权力等诸种权力并存、制衡和博弈,政治权力只是其中一种更偏向于实施、执行和维持的权力。在这样的权力格局中,专家掌握政治权力可能导致的危险被极大地降低了。特别是,当通过智库制度让专家获得部分的政治建议权力,可以让这种危险可控。

五

工程与科学

工程伦理的兴起

20世纪七八十年代以来,工程伦理研究在北美和西欧日益受到关注,在21世纪初逐渐成为科技哲学界的国际性热门问题。这与工程和工程师在当代社会的重要地位是紧密相连的。今天,中国已然成为全球首屈一指的工程大国,工程伦理的研究和实践在中国毫无疑问具有重大的理论和现实意义。

工程师时代的来临

一般认为,工程是调动自然界中巨大的动力资源来为人类所使用、给人类带来便利的技术。在西方语境中,“工程”一词可以溯源至拉丁文ingenera(移植、生殖、生产),与拉丁语ingenium(灵巧的)和ingeniatorum(灵巧的人)有关。很多时候,工程师将工程史追溯到中世纪的教堂、古罗马的引水渠甚至埃及金字塔。但是,现代意义的工程出现于17世纪或18世纪,以现代技术和科学的应用为基础,包括在19世纪下半叶才成为独立知识领域的社会科学和社会技术——不过,社会工程和社会工程师在20世纪下半叶的出现在西方却招致了大量批评,因为很多人认为社会与自然有根本区别,不能以工程方式来对待社会。

与“工程”概念相应,工程师就是以工程为职业的人。“工程师”一词在西方出现于中世纪晚期,用来称呼诸如攻城槌、石弩和其他军械的制造者和操作者。也就是说,最早被称为工程师的人是军人或工兵。第一批工程教育机构由政府创建,为军事服务,比如 1689 年由彼得大帝在莫斯科创建的军事工程学院。在英国工业革命期间,工程师开始摆脱纯粹军事活动,称自己为“民用工程师”或“土木工程师”。1717 年,工程师约翰·斯米顿(John Smeaton)在英国创立了非正式的土木工程师协会,他去世后更名为斯米顿协会。1818 年,英国土木工程师协会创立,这是第一个官方承认的职业工程师组织,差不多同时期,美国、法国、德国等纷纷成立类似组织,这标志着工程师职业正式出现。与工程师职业密切相关的是发明专利制度的出现,美国 1790 年、法国 1791 年开始用国家成文法保护发明专利。今天,成为工程师一般必须具备如下条件之一:(1) 完成正式的理工科大学教育,拥有理学或工学学士学位;(2)拥有政府机构认证的工程师职业资格证;(3)具备工程师协会会员身份;(4)主要从事具有专业水平的工程工作。

在中国,现代意义的工程和工程师都是舶来品。古汉语中并没有“工程师”一词,它是近代洋务运动中人们依据“工正”“工匠师”“工师”等传统说法杜撰出来、与英语 engineer 相对应的新词汇,在清末民初一度与“工师”“工程司”等并用。中国工程师最早孕育于晚清的留美幼童群体以及船政留欧群体之中,代表人物如詹天佑、司徒梦岩等。最早的工程师职业团体是 1913 年詹天佑等人发起成立的中华工程师学会,早期著名工程有京张铁路等。欧美工程职业大规模扩张与工业革命和电力革命息息相关,主要是在 19 世纪下半叶和 20 世纪上半叶,与大型公共工程如运河、铁路的建设,以及大型工业公司的崛起相伴。第二次世界大战之后,西方发达国家已然进入了工程和工程师的时代,工程师成了社会主流职业,工程成了改造世界的主要手段,给人们的生活方式带来了深刻的影响。中华人民共和国成立以来,中国工程事业有了长足发展,但根本性的飞跃是在改革开放之后。在过去40年间,中国的工程从业者、工程师以及理工科大学毕业生的人数急剧增长,一大批世界领先的大型工程如三峡工程、“南水北调”工程、杭州湾跨海大桥、青藏铁路、京沪高铁等举世震惊,中国开始向外输出先进的大型工程经验如水电站和高铁建设等,海外更有人将改革开放取得巨大成就归因为充分发挥了工程师能力的专家治国战略……这一切都生动地说明了:从某种意义上说,当代中国也进入了名副其实的“工程师时代”。

工程伦理历史变迁

工程伦理是伴随着工程师和工程师职业团体出现的。一开始,人们认为工程任务自然会带给人类福祉,但后来发现:工程实践目标很容易被等同于商业利益增长,这一点随着越来越多工程的实施遭到了社会批判。人们日益认识到工程师因为应用现代科学技术拥有巨大力量,因而要求工程师承担更多伦理的义务和责任。从职业发展来说,工程师共同体强调行业的专业化和独立性,这也需要加强工程师的职业伦理建设,因而很多工程师职业组织在19世纪下半叶开始将明确的伦理规范写入组织章程之中。从工程实践来说,好的工程要给社会带来更多便利,工程师必须要解决社会背景下和工程实践中的伦理问题,这些问题仅仅依靠工程方法是无法解决的,在工程设计中尤其要寻求人文科学的帮助。总之,工程伦理就是对工程与工程师的伦理反思,只要人们生活在工程世界中,使用工程产品,工程伦理便和每个人的生活密切相关。

按照美国哲学家卡尔·米切姆被普遍接受的看法,西方工程伦理的发展大致经过 5 个主要阶段。

1. 在现代工程和工程师诞生初期,工程伦理处于酝酿阶段,各个工程师团体并没有将之以文字形式明确下来,伦理准则以口耳相传和师徒相传的形式传播,其中最重要的是对忠诚或服从权威的强调。这与工程师首先出现在军队之中是一致的。

2. 到了 19 世纪下半叶 20 世纪初,工程师的职业伦理开始有了明文规定,成为推动职业发展和提高职业声望的重要手段,比如 1912 年美国电气工程师协会(AIEE)制订的伦理准则。忠诚要求被明确下来,被描述为对职业共同体的忠诚、对雇主的忠诚和对顾客的忠诚,从而得到公众认可和实现职业自治。但是,这三种忠诚之间是有矛盾的。

3. 20 世纪上半叶,工程伦理关注的焦点转移到效率上,即通过完善技术、提高效率而取得更大的技术进步。效率工程观念在工程师中非常普遍,与当时流行的技术治理运动紧密相连。技术治理的核心观点之一,是要给予工程师以更大的政治和经济权力。对效率的排他性强调产生了一些问题,专家治国的理念可能成为为特殊利益集团辩护的理由。

4. 第二次世界大战后,工程伦理进入关注工程与工程师社会责任的阶段。反核武器运动、环境保护运动、反战运动和民权运动等风起云涌,要求工程师投身于公共福利之中,把公众的安全、健康和福利放到首位,让他们逐渐意识到工程的重大社会影响和相应的社会责任。当然,社会责任的观点也受到诸多批评,但如今已经被工程师团体广泛采纳。20 世纪 70 年代,责任伦理促使工程伦理教育在西方高校受到重视,80 年代在美国出版了最早的工程伦理学教科书,这进一步促进了工程伦理学研究与实践的迅速兴起。

5. 21 世纪初,工程伦理的社会参与问题受到越来越多的重视。从某种意义上说,之前的工程伦理是一种个人主义的工程师伦理,谨遵社会责任的工程师基于严格的技术分析和风险评估,以专家权威身份决定工程问题,并不主张所有公民或利益相关者参与工程决策。新的参与伦理则强调社会公众对工程实践中的有关伦理问题发表意见,工程师不再是工程的独立决策者,而是在参与式民主治理平台或框架中参与对话和调控的参与者之一。当然,参与伦理实践还不成熟,依然在发展之中。

加强工程伦理研究

作为科技哲学领域当前的研究热点之一,工程伦理研究是一种典型的问题学,它的核心问题是:“如何让工程实现更好的使用和更多的便利”,或者可以表述为“什么是更好的工程”。工程伦理学家借助哲学和伦理学的方法,尤其是概念分析、反思性批判和全球化比较等方法,结合工程实践的具体语境做出面向实践的可操作性回答。

总的来说,目前工程伦理研究的主要问题包括:(1) 工程伦理的基础理论研究,包括工程伦理的概念、特点、方法,工程伦理学的学科定位和学科归属等问题;(2) 工程伦理的发展史与案例研究,包括工程伦理的观念史、实践史,以及典型的工程伦理案例(如著名的旧金山湾区捷运系统案例、挑战者号案例等)研究;(3) 工程师的伦理责任和伦理准则研究,包括在工程设计、施工、运转与维护等各个环节中工程师所面对的伦理义务;(4) 大型工程实践的伦理考量研究,包括如何将伦理考量融入工程实践当中,如何让伦理学家参与大型工程实施过程,如何对大型工程进行伦理评价以及不同类型工程的伦理考量等涉及制度建设的问题;(5) 工程伦理教育研究,包括工程伦理教育的目标、内容、方法、实施,卓越工程师的培养,以及与工程界在教育方面的合作等问题;(6) 工程伦理建设的公众参与与沟通研究,包括公众参与的原则、方法、程序、平台以及控制与限度,以及大型工程的舆论沟通、伦理传播与误解消除等问题;(7) 中国工程伦理问题,包括中国工程伦理的地方性与国际化以及如何做到"全球的思考,本地的行动",中国工程伦理的现状、问题和对策,中外工程伦理理论和实践的比较,中国大型工程的伦理问题等。当然,工程伦理研究内容归根结底要为提升工程和工程师的伦理水平服务,因而会随着工程实践的发展而不断变化。

改革开放40年间,中国的大规模工程建设在取得举世瞩目的成绩的同时,也催生了一些伦理问题和争论,典型的比如三峡工程的环境伦理争论等。最近十年来,随着西方工程伦理观念的引入,工程伦理问题开始受到中国学界和工程界的注意。2007年,首届国际工程伦理学学术会议在浙江大学举行,国内工程伦理研究开始起步,陆续引介欧美工程伦理研究成果,一些高校开始尝试开设工程伦理课程。

2018年5月,国务院学位委员会办公室印发《关于转发〈工程类博士专业学位研究生培养模式改革方案〉及说明的通知》《关于转发〈关于制订工程类硕士专业学位研究生培养方案的指导意见〉及说明的通知》,提出工程类研究生必须掌握相关的人文社科及工程管理知识,尤其要恪守学术道德规范和工程伦理规范,并明确规定"工程伦理"为工程类硕士专业学位研究生必修的公共课程。但是,总的来说,工程伦理的研究、教育和实践在中国都刚刚开始,需要各个方面加以重视,相互配合、大力推进,尤其是要得到中国工程界和工程师的重视。

工程时代的哲学反思

之所以关注工程与工程师的哲学反思，是因为在技术治理理论的视域中，大工程是技术治理的重要战略之一。2018 年 8 月，在《光明日报》上的一篇短文中，我提出中国进入了名副其实的“工程师时代”或“工程时代”。作为时代精神的结晶，哲学必须对工程与工程师时代进行回应。

何为工程与工程师时代的来临？

实际上，一些人认为，“工程时代”与“工程师时代”两个说法太“大”了，提出来站不站得住脚，值得商榷，不能因为某种东西越来越多就说进入了某物时代。的确，此种质疑并非是毫无理由的。当说“工程与工程师时代”时，并不意味着抓住了当代社会唯一的、最深刻的“本质”，并不意味着除了这种说法，不能说现时代是“信息时代”“智能时代”“技术治理时代”“虚无主义时代”“后工业时代”或其他的什么时代。也就是说，可以从不同侧面来把握现时代，而不只有某个唯一正确的侧面。并且，社会“本质”是一种隐喻用法，社会并没有物理学意义上的本质，也很难说某种社会本质说法比另一种更“本质”。但是，很多“时代概括”的提法很快就无人问津，所以类似提法最重要的是要有启发性、有创造性,要真正说出一点什么,才能流传得长远。

西方工程史往往可以追溯到中世纪的教堂、古罗马的引水渠甚至埃及金字塔,而中国工程史起码会从长城和都江堰讲起。即使将工程理解为以现代技术和科学的应用为基础的现代工程,它也出现于17世纪或18世纪。为什么现在谈论工程与工程师的时代呢?在西方发达国家,工程师和工程的急速扩展时期是在19世纪下半叶与20世纪上半叶,自从20世纪七八十年代以来已经逐渐放缓,但不断前进的趋势仍然在继续。而在中华人民共和国,工程与工程师的急速扩张主要是发生在过去的40年间,工程从业者和工程师数量急剧增长,一大批大工程举世震惊,最新的例子是北京大兴国际机场。简单地看数量,似乎可以谈中国的"工程与工程师时代"。

更重要的是,工程时代的到来,意味着一些更深刻的东西。其一,工程成为有意识改造世界的主要方式。其二,各种工程对每个人的生活都带来深刻影响。其三,同时改造自然和社会因素的大工程激增。最后,社会技术和社会科学在19世纪下半叶20世纪初逐渐成为独立的知识领域,以此为基础的社会工程在20世纪下半叶大规模出现。当然,社会工程在西方招致大量批评,很多人认为社会与自然有根本区别,不能以工程方式来对待。总之,工程时代到来的深刻之处在于:以工程的思维和方式来对待世界,包括自然、社会与人本身。这究竟是一种什么思维和方式呢?我认为是:以增进人类福祉为目标,用技术原理、方法和手段来控制人类的生存环境。科学要描摹世界图景,工程试图控制人类未来。工程要实现目标,必须要完成控制,而完美的控制必须以测量、预测以及选择为基础,需要诸多技术工具。当代大工程的实施如三峡工程,牵扯到水文、地质、气候、环境、经济、国防、移民和文化保护等复杂的变量,所需要的技术控制工具就更为复杂,因而大工程是体现当代技术治理的重要战略措施之一。

的确,工程时代到来,并不等于工程师时代到来。比如说,传统中国是农业社会,但很难说处于“农民时代”。“工程师时代”意味着:首先,工程师数量激增,工程师成为受人尊敬的社会主流职业。其次,工程师在当代社会的影响越来越大,掌握了越来越大的社会权力,成为最重要的政治力量之一。第二点尤为重要,它起码表现为三个方面:(1) 越来越多工程师作为顾问,参与社会公共事务决策,如环境保护、食品安全和公共交通的政策制定;(2) 越来越多的工程师因为专业能力转入政治领域,成为技术型官员;(3) 越来越多社会公共事务以工程方式来对待,社会工程师在其中扮演着关键角色。所谓社会工程,主要指的是运用社会科学如管理学、经济学、社会学、公共卫生学和心理学等的基本原理和技术方法来改造社会的控制活动。一些人不同意“社会工程”的概念,因为他们认为社会是不可能被控制的。我认为,对社会实施完全而总体的控制的确是不可能的,但局部的、某个侧面、一定程度的控制不仅是可能的,而且在现实社会中一直在发生。

工程与工程师时代对于哲学意味着什么?

显然,工程哲学伴随工程与工程师时代自然而然兴起,是理解工程与工程师时代的必然理论产物。简言之,工程哲学乃是对工程与工程师时代的哲学反思。因此,必须要深挖工程与工程师时代的内涵,才能为工程哲学的研究指明大方向。我想,至少有如下问题值得思考。

(1) 大工程的负面效应需要防范。

世界上没有绝对好的东西,工程也是有利有弊,兴利除弊是题中应有之义。涉及好坏利弊,就不再是科学技术能决定的,就需要人文力量介入工程事务,哲学和伦理学是其中重要的反思视角。哲学反思为人性工程、制度设计和公众参与等打前站,找门路。当然,对大工程的哲学反思并非玄远的清谈,应该尽力对解决实际问题有所启发和帮助。

(2) 工程师的专家权力需要限制。

工程事务虽然不如自然科学研究尤其是基础研究那样专精,但仍然具有极强的专门性,没有自然科学的背景教育以及多年的工程实践,难以窥其堂奥。工程事务必须由工程师主导,工程之力量赋予工程师极大的权力。权力必须被约束,尤其是工程师权力以真理和知识的名义而信誓旦旦地实施,容易为"效率至上"的信条所遮蔽。工程师权力限制需要外部约束,更需要对工程师进行伦理教育,使之对自身工作的重要性和风险性有深刻认识,在知识上也更加健全,而不仅仅只见效率不见人。

(3) 社会工程师与社会工程风险更大。

广义的工程师不仅包括科学专家、技术专家和技术人员等自然工程师,还包括社会工程师,如一些经济学家、管理学家、心理学家、职业经理人、金融专家、精神病专家、城市规划师、社会学家等等。他们不同于大学教授和媒体知识分子,而是参与实际社会工程的设计和实施。由于当代社会科学的自然科学化,社会工程师同样接受过基本的自然科学教育,坚信将科学技术运用于人类事务是有益的。社会工程尤其是总体主义和国家主义的社会工程风险极大,已经被波普尔《历史主义的贫困》和哈耶克《致命的自负》等著作所批评。按照奥尔森的看法,经济学家、管理学家在20世纪末逐渐超过自然科学工程师成为工程师中的掌握权力者。因此,社会工程的兴利除弊,社会工程师权力的约束,更不可忽视,也更为困难。

(4) 工程师的未来左右人类社会的命运。

第二次世界大战以后,从社会成员构成的角度来说,西方发达国家稳定发展的秘密,就是所谓中产阶级成为主体,进而整个社会成为纺锤形社会。中产阶级是稳定的力量,两端极富与极穷的人口都很少,整个社会就很稳定。实际上,广义的工程师构成了中产阶级的绝大部分,这也就是为什么中产阶级以专业知识和技能而非出身作为遴选资格的入门证的原因。从这个意义来说,工程师的未来左右人类社会的命运。莱顿在《工程师的反叛》中勾勒了一则美国工程师理想主义幻灭的故事,说工程师曾为整个人类谋福祉的理想而斗争,但最终在资本和权力中沦落。我怀疑这是莱顿的"黄金源头"臆想,因为他的故事回避了工程师的军队起源,在军队中职业主义自始至终被国家主义碾压——至今军队中工程师的力量和水平都是工程时代的拳头产品。在中国,一百年来的中国工程师史中工程师接续的是"学而优则仕"的老传统,开创了"富国强兵"的爱国主义新传统。总之,工程师的历史很值得反思。

(5) 工程的命运联结着科学技术的命运。

今日之科学更多地是用适用而非真理为自己正名,技术就更不用说了,因而现代科学技术转化成的工程以其造福人类的力量,成为当代科学技术"家族相似物"中的佼佼者。最先进的科学技术往往应用于大工程,尤其是军事工程中,反过来科学技术的研究发展方向亦受到工程的极大影响。简言之,科学—技术—工程—产业—军事复合体已经是既成事实,并且力量惊人,这也是为什么艾森豪威尔会呼吁警惕此复合体的背景。

(6) 工程研究经验是总结改革的重要工作。

过去40年间,中国究竟发生了什么,GDP一跃成为世界第二? 大家有各种不同的理解,但没有人否认:工程和工程师为主的各类专家在其中发挥了重要作用。这也就是为什么海外会有很多人将中国崛起归结为技术治理模式之胜利的一个原因。当然,他们错误地理解了中国特色的社会主义,但大规模的铁路、水利、路桥等工程建设在经济和社会发展中的驱动作用的确有目共睹。

工程哲学对于哲学研究有何价值?

从学科发展的角度看,工程哲学研究有重要的价值。

首先,工程哲学是科技哲学专业突围方向之一。一般认为,工程哲学是广义的科学技术哲学专业的一个问题,甚至是属于技术哲学之下的小问题。这种认识有待商榷。反科学思潮在20世纪七八十年代喧嚣不止,在90年代科学知识社会学(SSK)甚至占据了欧美各大讲堂的主流,但随之而来的科学大战(Science Wars)实际对欧美的科学技术之哲学反思造成了重大乃至未来可能会致命的冲击。在科学时代,人文研究如果以攻击科学为标榜,结局只有衰落——不管有多少理由,但有点常识都会明白这个道理:吃科学的“饭”,怎么能只会砸科学的“锅”呢? 说点诤言和忠言乃至风凉话都是必要的,但以此为主业,就很荒唐了。这一点在今日之美国已然悄悄发生,被SSK攻击的科学技术研究传统已经在萎缩，一些项目已经在收缩，而科学史研究一直都是个被圈养起来的尊贵小圈子，学的人不多，工作也很不好找，是典型的“有闲学问”。相反，工程哲学最近在美国蓬勃兴起，因为工科学校有很大的需求量。当然，大家也在探索，不知道工程哲学和工程教育到底怎么搞法。但是，很多美国同行都提过，要与科学家、技术家和工程师团结起来，再像 SSK 一样反科学，整个“饭碗”都可能弄没了。我想，借工程哲学这个“壳”，科学技术研究要转变形象，重新“上市”。

其次，工程哲学要指向人的理解，成为“大哲学”。很多人说，哲学是人学。实际上，21 世纪以降，人类关于自身理解的新观念已经不再是宗教和哲学、艺术、文学的自留地了，自然科学技术尤其是心理学、认知科学、医学等对何为人之观念的影响，与前述诸种相较已不相伯仲。大技术哲学家米切姆提出“新轴心时代”的概念，认为第一个轴心时代人类思考的主题是人之为人的意义，而今日对该问题思考的历史情境由技术—人类境遇(techno-human condition)取代了单纯的人类境遇(human condition)，因而我们进入了“新轴心时代”。这是非常重要的命题，值得进一步思考和深挖。今日之人类境遇，从根本上说乃是一种工程境遇。从这个意义上来说，工程哲学可以从“第一哲学”的深度和高度来深入研究，这对当下死气沉沉、急速坠落、影响日衰的哲学研究亦是有益的。总之，中国的技术哲学和工程哲学界对于工程哲学的意义理解需要极大地提升，这样才能真正理解“工程与工程师时代”。

科学不够哲学凑?

当前在社会上乃至学界,一些很流行的科学观如果仔细推敲,都有可商榷之处,不见得有利于中国科学技术的发展。

第一种观点:"中国科学原创力不够,原因是科学家没学好科技哲学。"

我的专业是科技哲学,当然愿意相信类似的观点。但哲学家的理智告诉我,找错了原因。你想一想:用科学哲学来指导科研,与用马克思哲学直接指导科研有差别吗?除了精神层面的激发作用,哲学真的能指导具体的科研活动吗?更麻烦的是:众所周知,西方科学哲学流派众多,相互攻讦,科学家应该用哪一种来指导呢?

因此我觉得,哲学指导科研的说法完全不切实际,将哲学的作用定位于"启发"科研更好、更准确。有没有作用?也许有,也许没有。有时候有,有时候没有。科学家爱学就学,不爱学就不学。

如果只有中国的科学哲学水平提高,中国科学的水平才会提高,那只会让我们更焦虑,因为中国哲学在世界上的位置,与自然科学相比,落后得不是一点点。实事求是地说,中国可能有世界级的中国哲学家(毕竟中文是我们的母语),或者世界级的马克思主义哲学家(毕竟从业人数绝对世界第一),但似乎没有世界级的科学哲学家,我的同行们能用英文流利写作和交流的都很少——哲学论文不像自然科学那样有很多数据、图表和推理,对于文字功底要求很高,非母语又非"海归"的学者要达到熟练地用英文写作论文困难非常大。

第二种观点:"哲学是科学的源泉。"

的确,现代科学是16世纪、17世纪从哲学中分化出来的,之前主要对应自然哲学,所以现在理工科博士学位还叫Ph. D(哲学博士)。可是,既然"生"出来,就回不了"娘胎"了。对不对?19世纪的时候,黑格尔认为不对,还要继续搞自然哲学,要把分科之学"塞回娘胎"。结果,有人说,德国自然科学因为黑格尔这种观念的流行被耽误了。有一点很清楚:黑格尔的《自然哲学》中科学观点错误百出,很多完全没有根据。

今天的科学是科学,哲学是哲学,大家都是平等的、相互影响的不同专业。事实上,现在科学技术对哲学的影响,比哲学对科学技术的影响大得多。最近,人工智能技术很火,哲学家们纷纷开始思考智能革命和智能社会的问题。因此,"源泉"这个词,可能反过来用更好一些:技术时代,哲学更需要科学技术的碰撞、刺激和启发。

说实话,我们处在一个哲学的"小时代"。自后现代主义之后,哲学对人类思想宝库的贡献不大,比不上社会学、经济学和文化研究等学科。今天在世的划时代大哲学家寥寥无几,哲学家能把自己的"一亩三分"地"整"明白都难,要多和科学家交流,多向科学家学习,"源泉""指导"之类不谦虚的说法,还是慎用的好。

第三种观点:"科学的本质是自由。"

科学家历来主张学术自由,说科学"亲近"自由当然没错,不过要说科学的本质是自由,显然有些"过"了。科学是以"求真"为目标的知识创造活动,同时也有造福社会的功利诉求。

首先，科学既可能促进自由，也可能妨害自由。科学能提高生产力，这意味着人类从资源匮乏中获得自由。科学能扩大知识的边界，这意味着人类从“必然王国”和“无知”的统治下获得自由。但是，科学手段可能被统治者用于奴役人们，剥夺人的自由。

其次，在科学活动中，自由表达与权威确立同时存在。有什么不同的科学观点，科学家都可以按照体制程序自由发表意见，按照同行评议的原则，供同仁商榷。但同时，科学又是精英的事业——科学理论的原创工作主要是少数“无形学院”顶层精英做出的，绝大多数科学工作者做的都是一些“边边角角”的研究。所以，科学界的“马太效应”非常明显，实际也有利于科学的发展。

再次，科学界对外要求学术自由，同时又要求国家和社会的支持，这注定科研活动只能在自由与不自由之间平衡。道理很简单：拿了人家的资助，还不让人家发表一点看法，这不是不讲道理吗？

此外，在社会制度层面，科学与自由的制度关系复杂，科学与民主制并非绝对并行不悖的。正如马克思所言，在资本主义社会中，科学更容易为资产阶级利用。科学家、技术专家参与政治活动，即我所称的技术治理，存在着专家权力失控而威胁民主制的风险。一定要记住：科学标准不是民主投票的结果，因此科研逻辑扩散到社会事务中基本上都是精英主义的。

最后，在中国语境中讲科学的自由，目标是想将科研活动从行政繁琐程序的束缚中“解放”出来。这实际是在制度安排与学术自由之间找平衡，并非“科学本质上是自由的”——科学家希望的是少一点对学术的行政干扰，而不是别的什么自由。

第四种观点：“科学的本质是人文。”

人文是什么？歧见纷呈，完全说不清楚。人文是“琴棋书画”“四书五经”，还是人格高尚、精神“贵族”，或者就等于文史哲和艺术学科？怎么说科学都不是人文啊？

仔细分析，这种观点应该是认定科学与人文对立，想用“科学的本质是人文”的理念消弥分歧。但是我觉得，科学从来就没有与人文对立，此种“对立”是杜撰出来的，现在计算机可以用来作画写诗就是证据之一。感慨科学与人文对立，很多时候是人文学者觉得资源都分给了科学家，自己被忽视了。

当然，我们可以讨论现在文理分科过早可能不好，或者大学里理工科学生应该学习足够的文科知识，甚至可以批评一些自然科学家缺乏人文素养、轻视文科。但是，这些情况存在，并不说明科学与人文根本上是对立的。如果科学与人文对立，那学了科学就不可能还学文科，科学家就不可能有任何的人文素养。这显然不是实情。其实，反过来文科生、文科学者缺乏科学素养亦不少见。总之，这是一个平衡和统筹的问题，而不是争强好胜的斗争问题。

第五种观念：“中国科技搞不好，是因为中国科技工作者太急功近利。”

这种观点不断有人重复，听起来似乎有理，其实很糊涂。历来中国人容易时不时掉到“泛道德主义”的陷阱中去。

首先，中国科技工作者到底有没有比别国的科技工作者更急功近利？你有没有统计数据和调查研究作为证据？有人会说，现在科研越轨行为频发。别的国家科研越轨行为的比例就少一些吗？你对国内情况更了解，有“更严重”的印象很正常。实际上，由于当代科研活动规模越来越大，经费越来越多，从业人数越来越多，科研失范与越轨已经是全世界范围内备受关注的现象,并非中国独有。总之,“更急功近利”的“帽子”不能随便扣在中国科技工作者的头上。

其次,中国的科技并没有什么“没搞好”,已经搞得很好了。两三年前,SCI 论文数量中国就已经世界第一,以至于在一些心里酸酸的外国人口中,SCI 的意思从 Science Citation Index(科学引文索引)变成了讽刺意味的“Stupid Chinese Idea”(“中国人的愚蠢想法”)。当然,论文质量下一步要提高,但起码中国科技论文发表数量世界上首屈一指了。相比而言,中国的哲学社会科学更要努力。

再次,如果中国的科学家们真的是因为太功利,所以中国科技没搞好,那该怎么办呢?是不是派思想政治教员和道德理论家深入一线教研室、课题组和实验室,对科技工作者进行淡泊名利的教育呢?要不要派先进道德模范去给科学家们上课呢?当前社会飞速发展,社会结构日益复杂,社会观点日趋多元,各种社会利益相互博弈,不能否认思想教育在提升人们道德境界方面的作用,但其功效已经大打折扣了。当年布什的经典著作《科学:无止境的前沿》没有一句话写到要对科学家进行思想教育。因此,就算科学家们太功利,也只能是多种措施共举,尤其要靠设计和改进现有科研体制来解决。

最后,科学是世俗事业,俗世动力必然是功利的,没有功利驱动,个别顶尖科学家可能把好奇心“当饭吃”,但有几百万人从业其中的建制化科学是不可能高效运转下去的。要说看穿名利、追求信仰的模范,当然是和尚。真的看穿了名利,更可能是出家,而不是对科学孜孜以求。大家仔细想一想,不是这些年国家大量的投入,中国的自然科学能取得今天这样的成绩吗?不可能!

第五种观点:“中国科学搞不好,是因为中国科学家缺少不爱名利只追求真理的‘贵族气质’。”这种说法认定科学是高贵的,我称之为“科学高贵论”。

科学高贵论者常常要说古希腊自然哲学,说它是贵族学问,完全笼罩在神圣的真理光芒之中。我不是古希腊的专家,不知道古希腊自然哲学是不是真理的化身,但我知道一点:古希腊自然哲学与哥白尼之后的现代科学不是同一个“东西”。如果严格按照现代科学的界定,不仅中国古代,古希腊也是没有科学的。的确,现代科学继承了古希腊自然哲学的理性精神。实际上,继承理性传统的不仅是科学,而是整个西方社会文化——可以说,当代西方社会都是古希腊理性的继承者。

现代科学继承了古希腊自然哲学的“高贵”了吗?科学修辞学研究表明:“科学纯粹求真”的说法是科学兴起的早期科学界为了争取合法性、学术自由和社会建制性认可而进行的一种美化。实际上,在科学早期,到处宣扬“科学有造福社会的实用功效”也是常见的合法性斗争策略。那时很多大科学家做实验,常常邀请社会名流和普通大众来观看,以扩大科学的影响力。总之从一开始,现代科学就是在求真和功利之间找平衡的。

再一个,齐尔塞尔的科学史研究令人信服地表明,现代科学的实验传统并非来自哲学家或大学教授,而是来自文艺复兴时期的顶层工匠——他们常常被视为不高贵的“技术传统”或“工匠传统”的代表。在《十七世纪英格兰的科学、技术与社会》中,默顿论证了科学兴起与清教伦理的一致性关系,而后者讲求履行天职和造福社会的现世功利诉求。

总之,没有证据表明:现代科学是“高贵”的事业。

到了“二战”之后,科学事业大规模扩张,科学与技术一体化,甚至“科学的本质是技术”的观点越来越流行。“科学高贵论”已然过时。

我倒认为科学是人民的,而非贵族的,这并非说科学不高贵,相反科学恰恰因其造福人类而高贵。

当然,重要的不是科学到底高贵不高贵,而是中国科学发展的“瓶颈”是不是中国科学家们不高贵。科学家要得到社会更高的认可,得到国家更大的支持,需要给科研“松绑”——这些与高贵不高贵似乎关系不大。

如果中国科技界本来可以搞得更好,妨碍它的肯定不是功利主义之类的东西。“功利主义”这个词在中国被污名化,对社会有利、对大家有利、对自己有利,难道不好吗?

问题在哪里呢?我举个例子。

秦国统一六国,靠的就是军功驱动。砍掉多少人头,你可以记什么功、进什么爵清清楚楚。这是不是功利?当然是。如果你的规定不是人头定军功,而是看谁的战后奏折写得好来定军功,会是什么结果呢?惊天地、泣鬼神的汇报材料能把敌人“写死”吗?

中国科技发展现在最应该忧虑的就是没有搞真正的功利主义,没有按“人头”来论功行赏。科技发展要砍的人头是什么?一目了然,就是对科技创新、知识生产的贡献。只有把功利真正分给那些做出成绩的一线科研人员,中国的科技才能搞得更好。如果走到什么反对功利主义和弘扬“贵族精神”上面去,中国的科研机构有没有变成“做一天和尚撞一天钟”的“子孙庙”的危险呢?

因此,我觉得现在的问题是:不管是科学界,还是哲学界,如何奖掖老老实实做学问、做研究和搞创新的人,而不是那些当官弄权、吹牛拍马、拉帮结派、搞形式主义和投机取巧的人;如何避免“劣币驱逐良币”的制度性“滑落”,才是应该考虑的问题。

科技哲学不能“砸科学的锅”

科技哲学界今日境遇之窘迫，实在令人扼腕。清华大学、北京理工大学、中国农业大学、北京化工大学、北京工业大学、国防科技大学、华中师范大学……很多硕士点、博士点关停并转，大量从业人员目前还在去留之间而不知所栖。这一切发生得如此之快，从急速扩张遽然之间转到急速萎缩，中间都不带让你找找步入巅峰之感觉的。可以预期，如此颓势在三五年间还会更加明显。新世纪初我读博士的时候，科技哲学博士点大约十三四个，十年扩张到二十大几三十个，看样子这一波“暴击”之后，会跌到世纪初的数量级。

当然，这没什么不好，中国不需要这么多科技哲学家。实际上，中国现在也不需要这么多哲学家。从从业人数、成果数量、投入资金、出版刊物、学生数量以及哲学院系数量来看，中国无疑是当今世界哲学的“灯塔”。海外名校的哲学系教师能有 30 人，就算很大的哲学系了，而中国人民大学哲学院教师超过 80 人，在世界上肯定首屈一指了。当前全世界哲学乃至整个文科都在下滑，各国的哲学家们都想来中国“淘金”，他们在本国缺资金、缺学生，缺乏讲话的“场子”。就科技哲学而言，原来自然辩证法是理工农医类硕士生的思政必修课，有硕士点的高校都设有相关的教研室，搞得好的就申报了硕士点、博士点，从业人数怎么都有四五千人吧。显然，事实上，中国不需要这么多专业研究者。大浪淘沙,少而精,也许还是哲学的行情恢复元气的一个机遇。

实际上,科技哲学之所以存在,根本原因不是思政必修,而是研究上作为一种沟通文理的专业桥梁、教学上作为理工科学生的(科学)人文素质教育的组成部分而存在的。历史机遇将思政课“赐予”了科技哲学,导致了它的“虚胖”。现在历史把“礼物”收走,它必须重新审视自己,找回自己。

思政的归思政,哲学自归哲学吧。

作为一门学问,当下的科技哲学研究问题不少,这里概括为三点。

第一,日益缺乏现实观照。将现实观照和哲学反思相结合,是中国科技哲学的基本特征,实际也是国际科技哲学的明显特征。遥想20世纪80年代,自然辩证法站立时代潮头,于光远、龚育之、金观涛、何祚庥……群星璀璨,引领话题,当仁不让。《实践是检验真理的唯一标准》大谈牛顿、爱因斯坦,开启“科学的春天”,之后的“科教兴国”“科学发展观”“建设创新型国家”到“大众创新”,许多重大的国家战略都与科技哲学相关。目前的研究越来越忽视社会现实,做得了理论的、做不了理论的,都一窝蜂把自己的思想“宅”在书堆中,与社会越来越隔膜,忽视对时代新问题的呼应。

科技哲学观照现实,最重要的是关注新科技的发展及其对社会的重大影响。今天中国科技哲学新晋从业者基本都是学哲学等文科出身,没有理工科的背景。这是一个大问题。解决之道或者在招生时期想办法,或者从业者自行恶补自然科学知识。

第二,严重缺乏原创精神。或者是受了“哲学就是哲学史”说法的影响,或者是因为文献归纳总结最省力,科技哲学界的研究的“二道贩子式”的译介研究越来越多,紧盯着外国人最新文章,目的不是参与直接的问题讨论,而是为了最先把别人的成果“贩运”到国内来。号称是做某某研究,实际上是做某某翻译工作。张口闭口外国人,甚至把洋人中的小年轻奉为大师。国际化的目的是培养国际眼光和国际视野,绝不是全面拜倒在洋人脚下。人文社会科学本质上是有历史性、语境性和地方性的,要凸显它们必须要勇于原创,结合中国国情说自己的话。唯有如此,国际同行也才看得起你。我多次讲这个例子:现在 RRI 研究(responsible research and innovation 负责任创新)不能光做翻译,而是要以大众创新为框架,整合和贡献中国经验。

第三,不能与科学为敌。文人自大,中外皆同。所谓“科学大战”不过是某些文人的夸张,因为有几个血气方刚、闲来无事的科学家和批评科学的激进左派文人就科学争吵起来,于是赶紧归纳出个“科学大战”的说法,其实不过是局限在文化圈的一个小事件。欧美的社会主流哪里走到一味反科学的一面去了?根本不是这么一回事。美国民众也非常支持科学和科学家在美国的地位和权利。好莱坞爱拍假想科技导致人类完蛋的电影,主要是因为这样的片子更好卖。毫无疑问,科学仍然是西方发达国家的基本盘和根本点。西方文化对世界文明的贡献,最大的就是科学和民主,这两点乃是西方社会最深的烙印。可以说,不尊奉科学,西方就不再是西方。

当然,不是说科技哲学不能批判科学,而是说不能走到极端的反科学主义上去,以诋毁科学为主业、为主旨,闭口不谈科学的巨大贡献。我们主张的是从辩护、批判走向审度,对科学问题进行具体的分析。就学科发展来说,在科学时代,以科学为敌,结果只能是碰壁,就是我说的“吃科学的饭,不能砸科学的锅”——没有科学大兴,哪来的什么科技哲学？“科学大战”对美国科技哲学研究的负面挤压的效果，现在也慢慢在显现。中国科技哲学界如果要以批评科学为主业，在目前语境下，受到的挤压将会是致命的。科技哲学应该与科学家、技术专家、工程师携起手来，做他们的朋友，而不是敌人。当然，既然是朋友，就不是喽啰，可以有诤言，可以有批评，但根本上还是友善的，还是朋友。

哲学与实验方法

社会科学自然科学化,或者说自然科学方法侵入社会科学,在20世纪下半叶愈演愈烈,已经成为社会科学发展的主流。最近三十年,这种情况在人文学科也逐渐出现,比如传播学和文论用到的内容分析(content analysis)、最近兴起的数字人文学(digital humanities)。可以说,哲学是对抗科学方法的最后堡垒,现在实验哲学兴起,这个堡垒正在被攻克。逻辑实证主义对哲学的科学化改造,在方法上主要是数理逻辑方法的运用,这之前形式逻辑方法早已在哲学研究中大行其道,而如今的实验哲学要引入的是问卷调查、深度访谈等统计学方法、计量学方法。如果类比科学计量学(scientometrics),实验哲学可以称为哲学计量学,不过前者已经非常成熟了。

首先比较实验哲学新方法与传统哲学论证方法。如波兹曼所言,社会科学自然科学化或许是所谓Science Envy的结果。相比人文社会科学,自然科学的方法、制度和运行模式获得了巨大的成功,结果它在当代争取到了大量的社会资源。模仿科学运行的方式来运行人文社会科学,或许能带来更多的资源。比如,在哲学领域引入实验,可以申请更多经费,可以建实验室,这相比传统哲学笔加纸的生产方式,有更大的"投资空间"。

哲学有必要引入实验方法吗?或者说实验方法在哲学研究中有

什么用？有人说，用发问卷的方法来研究哲学概念，完全就不靠谱，只是加持了实验方法这件华丽的“科学外衣”。是这样吗？传统哲学说理的方式就更可靠吗？总的来说，既有的哲学说理方式主要有如下几种。

第一种论证方式是：我这么说是正确的，因为有哲学家也这样说过，或者虽然他们不是直接说的，但意思其实和我是一样的。如果能证明亚里士多德、柏拉图也这么说过，我绝对就理直气壮了。可是，为什么亚里士多德、柏拉图说了，我就对了呢？孔子、佛陀，或者某个玛雅酋长说的，就没有那么重要呢？为什么大人物说的话，就比我爸爸说的更重要呢？孙悟空说的话，就完全不能作为证据？谈到思想，并没有证据证明哲学既有的话语重要性的序列假定。谁说的，都不能证明我是对的。

第二种论证方式是：我这么说是因为逻辑推理。我找出几个概念，厘清定义，然后推演概念之间的关系，形成判断……最后，逻辑证明了我说的是对的。可是，逻辑正确而在现实世界中出现很荒谬的情况太多太多了，根本不用我列举。往深了说，逻辑是存在于人的头脑中的东西，是 idea 与 idea 之间的关系。在物理世界中，一头牛与一朵花有什么逻辑关系？逻辑正确，很多时候除了可能是因为自己思想贫乏之外，说明不了太多东西。

第三种论证方式是：我这么说是因为有自然科学证据。我为什么说人性恶呢？因为人类 DNA 上有攻击性基因。显然，这里存在休谟讲的是与应当的差别。自然科学知识并没有直接证明哲学结论，而是经过了某种转译过程，跨过了是与应当的鸿沟。人有攻击性基因等于人性恶吗？我可以说，攻击性基因起到保护人类种族延续的作用，如果说这是恶起码还要证明吧？再者，哲学今天大量用科学做证据，是因为科学今天的强势，几百年前西方用神学知识证明自己对，而中国人是“半部论语治天下”。科学时代不会永恒，之后还有别的时代。用自然科学支持哲学，其实是用强势文化支持自己，这是不是权力逻辑？当然，你可能会说，科学怎么和它们一样呢？科学是真理啊！我要告诉你，科学哲学发展至今已经否定了你这种简单的想法。

第四种论证方式是：常识告诉我们，我是对的。很多哲学说理，直接把大家普遍接受的观点作为出发点，觉得根本不需要论证。可是，不是很多哲学家宣称哲学是反常识、高于常识的吗？如果哲学得建基于常识之上，还谈什么二阶的反思呢？常识来自习得的传统，很多常识是过时的、有问题的，是需要我们澄清的。学术界的常识，加尔布雷思称之为传统智慧，往往可以追根溯源到一些被奉为千年经典的书：圣经、古兰经、四书五经、佛经……这些书多数成形于文明的轴心时代，在今天还管用吗？我是非常怀疑的，起码得与时俱进地修正。

第五种论证方式是：我这么说，不光是理论，还有我自己的生命体验和证悟。中国哲学喜欢这种方式。这个东西比较玄了。每个人的体验不一样，就算你没有骗我，和我的体证不一样、和大家的体证不一样，那就只能是私人的想法。要想成为知识，得具有普遍意义，哲学作为可以沟通的 idea 也必须如此。实际上，中国哲人的体证结果，远远没有他们写得那么仁义礼智信，至于一般的中国哲学工作者就更等而下之了。佛教、印度教这些也讲体证，涉及宗教不好说，这已然超出哲学要讨论的范围了。

现在实验哲学新方法、计算人文学新方法引入哲学，肯定能产生许多新想法，发表很多有价值的论文，成为哲学研究的新增长点。比如达尔文生物哲学研究。统计一下达尔文看的书,这些书都已做成电子版,很容易检索,证明了他提出进化论主要不是看的生物学书,又证明了很多小说对他影响很大,把这些发现写成一篇又一篇文章……这种论证的新方式,其实是说:我是对的,是因为数据这么说,或者 AI 这么说。

有人会说:数据能说明什么呢?我要证明黑人比白人智商低,统计数据还不容易吗?找些脑容量小的黑人就好了。反过来,证明白人比黑人傻,也是一样容易。我们人,没有思想了,只能求助数据了?求助 AI 啦?我说对的,是因为 AI 分析数据告诉我我是对的了。那这样的话,这种 AI 能做出结论,需要我们干什么?显然,这种简单推理、归纳就能得出结论的所谓科研,很快就会被 AI 取代,根本不需要我们做这种科研了。

这种看法有些偏激。如上所述,传统哲学论证方式并不比新的数据证据可靠到哪里去。我们只是人,人类知识怎么可能达致绝对的真理呢?但是,这并没什么。我们尽力了,更重要的是,人要发挥人的长处:哲学的精华不是说理,而是 idea。思想是需要天才的,比如,我上面说的一番话,AI 起码目前是说不出的。另一个教益是:哲学只是人的游戏,特别是一种论证游戏,根本谈不上真理,或者终极智慧。

接下来,我们要问的问题是:实验哲学研究的价值究竟何在?实验哲学是在分析哲学与心理学、认知科学交叉的情境中提出来的,目前主要有两块内容:一种是对实验哲学的方法进行反思,也就是说,自然科学方法运用于哲学有什么问题,需要如何改进,以实现本土化;另一种是运用实验哲学的新方法去研究既有哲学的老问题,比如如何理解实在论这样的哲学概念、如何回答“电车难题”这样的思想实验等。

前一种研究有意义,但是意义不大。如果对统计学、心理学、概率论、计量学、社会学、科学方法论等有一定的了解,就知道数量方法运用于社会分析之中,已经有很多成熟的讨论,比如重复难题已经讨论得很清楚,现在不过是放在哲学语境之下再说一遍。

实验哲学方法核心是专家直觉—大众直觉的二分法,这在科技哲学尤其是 STS 研究中得到了专门的研究,即所谓 STS“第三波”或专业哲学(expertise philosophy)。专业哲学探讨了大众与专家的区分,反对二分法,提出两者之间具有很多中间连续类型。这种研究的目标不是简单提出一个没有专家与大众的简单区分这样的结论,而是面对实践问题,即大众理解科学。也就是说,专业哲学之所以兴起,本质上是为了沟通科学时代专家与大众,以推进科学技术的民主化进程。总之,实验哲学方法是否严密,是否精深,是否完全没有破绽,相较来说并非更重要的问题。

从根本上说,实验哲学新方法对哲学的具体分析,以此得到的哲学反思结论,尤其是那些破除刻板成见的新颖结论,才是更有价值的。正如有些人说的,实验哲学根本上是要反对欧洲白种男性贵族的哲学观念或哲学垄断。在中国没有白种男性贵族,但是有很多需要破除的哲学偏见,比如封建的东西,并由此达到对中国思想独特性的跨文化自觉。这就非常有意义。中西之间文化差异极大,哲学是文化非常重要的组成部分,比较研究会凸显很多有意思的问题。比如,对于中国大众来说,很多人根本就不知道哲学圈以为耳熟能详的主体、实在这些大词,普通中国老百姓不使用,你去找他们问卷调查什么呢?但是,这本身就是一个有意思的事情。中西思想差异之大,在实验哲学方法之下会凸显出来。比如教育这一概念。古代中国对教育的理解是输入道德规则和观念,有时甚至把皇帝的想法灌输给老百姓,比如朱元璋编的删节版《孟子》,目标是培养驯服的臣民。而现代教育讲求的是传授科学知识和方法、培养健全的理智以及提高个体自身发展的能力,目标是培养合格的公民。所以,都在用"教育"这个词,表达的意思却有非常大的差别。有的人就认为,实验哲学实质上是一种跨文化研究。因此,实验哲学如果能凸显出哲学领域内的中国特色,并深入进行反思,将有非常大的价值。

最后,再透过实验哲学谈谈当代分析哲学的危机问题。实验哲学是分析哲学传统之下的新生物。很难说分析哲学在衰落,分析哲学在英美哲学系还是占据很大的比重,但是整个哲学在西方都在萎缩,越来越需要哲学在响应时代和社会问题中证明自身的合法性。就科技哲学而言,无论英美,还是欧洲,做纯粹的分析的科学哲学的人越来越少,而人工智能哲学、科技伦理学、工程哲学、STS 等结合现实研究的人越来越多。整个分析哲学传统也感到了很大的压力,试图扩展到更广阔的领域,而不是局限于语言哲学之中。

最近《维特根斯坦文集》出版,国内也有学者提出是不是可以借势讨论一下分析哲学的未来。对于科技哲学专业的从业者来说,分析方法尤其是逻辑实证主义的理论,是我们的基本功,之后的欧陆科学哲学研究以及应用研究,都是从维也纳学派研究出发的。中国的分析哲学研究者也很关心这样的问题:分析哲学未来将如何扩展自己的议题和批判的向度?国外主要有两种:一种是把分析方法运用到所有哲学领域中,出现分析的马克思主义、分析的形而上学等;另一种是回到分析哲学的源头,试图证明它一开始是包含对政治和社会问题的关注和研究成果的,退入逻辑之中是冷战中麦卡锡主义肆虐之后的事情,典型的比如我所谓的“逻辑实证主义再研究”。这种再研究认为,在很大程度上,逻辑实证主义其实提出了自己的社会、政治和经济理论,属于当时左翼激进思想的一部分,为当时的奥地利的民主社会主义运动服务。

应该说,上述两种思路正在展开,却已经暴露出各自的问题。前一种的问题是表面上切入新话题,但仍然囿于语言哲学之中,并没有实质的批判力量。后一种的问题是不处理好左翼思想分析方法与政治思想的关系,就会完全放弃分析方法,而成为又一种政治批判,而不是分析的政治批判。因此,极端的想法又出现了:要么抛弃分析哲学,要么只有分析哲学。我认为,两种极端都是有问题的,分析哲学未来应该会成为哲学研究的基本方法和工具库之一,就像形而上学一样,成为每个哲学从业者必须学习的基本内容,从而在哲学多元方法研究中占据重要位置。但是,无论如何,分析哲学的未来值得深思,实验哲学从某种意义上是一种新的尝试。

图书在版编目(CIP)数据

技术的反叛/刘永谋著. —北京:北京大学出版社,2021.9
ISBN 978 -7 -301 -32330 -4

Ⅰ. ①技… Ⅱ. ①刘… Ⅲ. ①技术哲学 Ⅳ. ①N02

中国版本图书馆 CIP 数据核字(2021)第 146275 号

书　　名 技术的反叛
JISHU DE FANPAN
著作责任者 刘永谋　著
责 任 编 辑 王立刚
标 准 书 号 ISBN 978 -7 -301 -32330 -4
出 版 发 行 北京大学出版社
地　　址 北京市海淀区成府路 205 号　100871
网　　址 http://www.pup.cn　新浪微博:@北京大学出版社
电 子 信 箱 sofabook@163.com
电　　话 邮购部 010 -62752015　发行部 010 -62750672
编辑部 010 -62752728
印 刷 者 北京中科印刷有限公司
经 销 者 新华书店
880 毫米×1230 毫米　A5　9.625 印张　232 千字
2021 年 9 月第 1 版　2021 年 9 月第 1 次印刷
定　　价 55.00 元